왜 바이러스가
문제일까?

!!!

왜 바이러스가 문제일까?

10대에게 들려주는 바이러스 이야기

유윤한 지음

청아출판사

미지의 바이러스가 깨어나고 있다.

이 책을 써야겠다고 생각한 건 몇 년 전 한 편의 영화를 보고 나서부터였던 것 같습니다. 그 영화의 제목은 〈부산행〉입니다. 좀비 바이러스가 우리나라에 퍼졌을 때 어찌 되는지를 상상해 만든 이 영화는 첫 장면부터 끔찍했습니다. 도로로 뛰어든 고라니를 트럭이 실수로 치어 죽이죠. 실제로 저도 도로에서 끔찍한 모습으로 죽어 있는 동물을 몇 번 보았습니다. 한 번은 제가 타고 가는 차 바로 앞으로 고라니가 달려들었는데, 겨우 멈추어 사고를 피한 적도 있어요. 그때만 생각하면 지금도 머리카락이 쭈뼛쭈뼛 섭니다.

그런데 이어지는 영화의 장면은 공포의 극단을 보여주었습니다. 트럭에 치여 죽었던 고라니가 그 자리에서 되살아났거든요. 그것도 관절을 툭툭 꺾고 피를 철철 흘린 채 풀어진 눈동자를 하고서 말이에요. 고라니가 괴기스러운 모습으로 되살아난 이유는 좀비 바이러스에 감염되었기 때문이었습니다. 그렇게 고라니를 감염시켰던 좀비 바이러스는 사람에게 옮아갔고, 잠복기도 거의 없는 초강력 바이러스였기 때문에 숙주에게 물리는 순간 바이러스가 온몸으로 퍼져 사람들이 빠르게 좀비가 되어버렸지요. 대한민국이란 좁은 땅덩어리가 좀비로 덮이는 것은 시간 문제였습니다.

현대사회에서 가장 심각한 문제 중 하나는 기후변화와 그로 인한 바이러스의 유행입니다. 18세기 중반 산업혁명 이후부터 석유나 석탄 같은 화석연료를 태우면서 대표적인 온실가스인 이산화탄소 배출량이 계속 증가함에 따라 지구의 평균기온은 계속 올라가고 있죠. 온실효과 때문에 태풍, 가뭄, 홍수 등 기상이변이 일어나고 기상이변은 대규모 재해로 이어져 전 세계 수많은 사람들이 가옥 손실, 식수 오염, 식량 부족 등에 처해 있습니다. 재해 지역의 사람들은 하수와 배설물로 오염된 환경에서 지내고 잘 먹지 못해 면역력이 약해져 있습니다. 그러니 바이러스에 쉽게 노출될 수밖에 없고, 감염률도 높습니다. 약해진 면역력 때문에 몸속에서 바이러스를 폭발적으로 증식시켜 퍼뜨리는 슈퍼전파자가 될 가능성도 높죠.

지구의 평균 기온이 올라가면서 전염병을 옮기는 매개동물의 서식지도 넓어지고 있습니다. 우리나라에서도 매년 말라리아를 옮기는 모기의 개체 수가 점점 많아지고, 일부 지역에서는 일본뇌염을 옮기는 모기가 이전보다 이른 3월부터 발견되기도 합니다. 알래스카 지역에서는 영구 동토층이 녹아 생긴 물웅덩이가 곳곳에서 발견됩니다. 여름이 되면 이 물웅덩이에서 모기 알들이 한꺼번에 부화해 엄청난 수의 모기떼가 등장합니다. 이 모기들은 사람과 동물의 피를 빨며 각종 바이러스와 세균을 부지런히 옮기고 있습니다. 이곳 모기들은 순록에게 떼로 달려들어 그 자리에서 죽게 만들 정도로 강력하고, 또 수적으로도 우세합니다.

동토층이 녹으면서 생기는 문제는 더 있습니다. 시베리아나 극지방의 영구 동토에는 수많은 '미지의 바이러스'가 활동을 멈춘 상태로 숨어 있는데, 기온 상승으로 동토가 녹으면서 고대에 활동했던 것으로 보이는 바이러스들이 하나씩 발견되고 있습니다. 그중에는 아메바 안에 넣었더니 12시간 만에 1,000배로 불어나 세포막을 찢고 터져 나와 다른 숙주를 감염시키는 바이러스도 있었죠.

과학자들은 이렇게 무서운 속도로 증식하는 미지의 바이러스들이 혹시 사람을 감염시켜 질병을 일으키지 않을까 걱정하고 있습니다. 당장은 인간을 감염시키지 않는다 해도 다른 숙주 동물을 몇 단계 거치며 변이를 일으키면 인간이 이제껏 겪어 보지 못한 신종 바이러스가 되어 팬데믹을 일으킬 수 있거든요.

바이러스가 증식해 퍼져 나가려면 반드시 다른 생명체가 필요합니다. 따라서 바이러스 감염을 막는 가장 확실한 방법은 거리 두기입니다. 하지만 도시에 모여 사는 현대인에게 거리 두기는 거의 불가능한 일입니다. 일단 도시가 하나의 상하수도 시스템으로 연결되어 있어 이웃과 직접 만나지 않더라도 생활 속에서 감염이 언제든 일어날 수 있습니다. 2002년 중국 포산시에서 처음으로 사스 바이러스가 출현했을 때 이 바이러스는 비행기로 이동하는 사람들의 몸에서 증식하며 홍콩에 도착했습니다. 이후 홍콩에서 아파트 단지에 사는 한 시민을 감염시켰고, 이후 그의 배설물에서 나온 에어로졸이 화장실 환기통을 타고 올라가 아파트 주민 300여 명을 감염시키는 기록을 세웠죠.

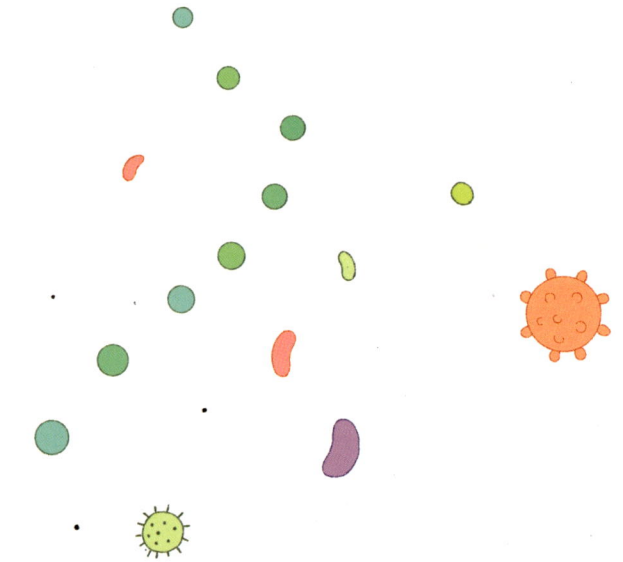

이처럼 바이러스는 우리를 점점 더 위협하고 있습니다. 지구 어디에나 있는, 수없이 많은 바이러스가 언제 인간을 숙주로 삼을지 알 수 없습니다. 그렇다고 손 놓고 있을 수는 없습니다. 눈에 보이지 않는 바이러스에 현명하게 대처하려면 먼저 바이러스를 이해해야만 하죠.

이 책은 바이러스에 대한 기초적인 과학 지식은 물론이고, 바이러스가 어떻게 인간 역사의 흐름을 바꾸어 놓았는지도 살펴봅니다. 과학과 역사를 아우르는 폭넓은 교양 지식과 통찰력을 갖춘 길로 청소년을 안내하는 입문서가 되었으면 합니다. 특히 우리가 감염병의 원인으로만 생각하며 두려워하는 바이러스가 사실은 인류를 포함한 모든 생명 진화의 원동력이며, 인간 DNA의 많은 부분을 바이러스에게 빚지고 있음을 알려드리고 싶었습니다. 그리고 몇 년을 주기로 세계를 덮치는 바이러스 팬데믹에 좀 더 유연하고 지혜롭게 맞서는 데 도움이 되기를 바라는 마음도 담아 보았습니다. 더불어 청소년들이 바이러스와 관련된 일에서 자신의 직업을 설계해 보는 데도 좋은 지침서가 되기를 바랍니다.

차례

1장

바이러스란
무엇일까?

바이러스를 발견하기까지

1800년대 후반, 유럽의 농부들에게 골칫거리가 생겼다. 담뱃잎과 고춧잎이 모자이크 모양으로 얼룩덜룩해지면서 시들더니 말라 죽기 시작한 것이다. 주로 담배 농사를 짓는 사람들이 큰 피해를 입었기 때문에 이 유행병은 '담배모자이크병'이라고 불렸다.

건강한 담뱃잎을 따서 말리는 것이 목표인 담배 농사는 농사일 중에서도 어려운 일로 꼽힌다. 세상에 쉬운 농사는 없다지만, 담배 농사는 체력의 극한을 체험하기에 충분하다. 가만히 있기만 해도 땀이 줄줄 흐르는 땡볕 더위에 잎을 따서, 뜨끈뜨끈 난방을 하는 건조실로 담뱃잎을 가지고 들어가 말려야 한다. 냉방을 해도 모자랄 한여름에 말이다. 이 과정에서 온몸의 땀구멍이 열리고 땀이 줄줄 흐르면 담뱃잎에서 흐르는 니코틴 진액이 몸에 흡수되기 딱 좋다. 그렇게 농부들은 찌는 듯한 더위와 니코틴이 주는 두통과 담배 멀미를 이기며 담뱃잎을 수확해야 한다.

그럼에도 농부들이 이런 극한 직업을 포기하지 못했던 이유는, 지금도 그렇지만 당시에는 더더욱 담배가 고부가가치 상품이었기 때문이다. 그렇게 더위와 싸우고 해로운 니코틴을 견뎌 가며 키운 담뱃잎이 얼룩덜룩 변해 버리니 농부들의 마음도 너덜너덜 찢어졌고, 경제적인 어려움까지 겪어야 했다. 정부도 담배모자이크병 때문에 고민이 크기는 마찬가지였다. 담배가 밀이나 감자처럼 주요 식량 작물은 아니었지만, 담뱃세가 국가 재정의 상당 부분을 차지했기에 담배모자이크병은 국가 차원에서 빠른 시일 내에 해결해야 할 문제가 되었다.

1883년 네덜란드 정부가 지원하는 농업연구소의 아돌프 마이어는 담배모자이크병의 원인을 밝히기 위한 연구에 뛰어들었다. 그는 병들어 얼룩덜룩해진 담뱃잎의 즙을 내어 건강한 담뱃잎에 문질러 보았다. 얼마 후 건강했던 담뱃잎에서 얼룩덜룩한 반점이 생기더니 잎이 시들기 시작했다. 그는 이 병의 원인을 전염성이 강하고 눈에 보이지 않는 병원체로 추측했다. 그리고 온갖 방법을 동원해 병원체를 찾았지만, 그 어떤 해충도, 곰팡이도, 세균도 발견할 수 없었다. 결국 마이어는 눈에 보이지 않을 정도로 '아주 작은 세균'이 담배모자이크병을 일으켰을 것이라고 추측했을 뿐 병을 일으키는 독소가 무엇인지는 찾아내지 못했다.

담배모자이크병의 원인은 1892년이 되어서야 비로소 밝혀지기 시작했다. 러시아의 미생물학자 드미트리 이바노프스키는 당시 지방 농장에 큰 피해를 준 담배모자이크병을 조사하기 위해 파견되었다가, 이 병을 일으킨 독소를 연구하게 되었다. 그는 병든 담뱃잎의 즙을 세균여과기로 걸러 낸 뒤 건강한 잎에 발라 보는 실험을 했다. 그 결과, 건강했던 잎이 곧 얼룩덜룩 시들며 죽어 가자, 여과기를 통과한 즙에 병의 원인이 여전히 남아 있다고 결론을 내렸다. 만일 그 원인이 세균이었다면 세균여과기에서 걸러졌을 것이다. 이바노프스키는 세균여과기를 통과하고도 살아남은 이 존재가 어쩌면 세균보다도 훨씬 작은 미생물이거나 세균이 분비한 독소일 것이라고 추측하며 연구를 마무리 지었다.

1898년 네덜란드의 미생물학자 마르티누스 베이예린크는 이바노프스키가 했던 실험을 독자적인 방법으로 다시 해 보았다. 그리고 세균여과기로 걸러진 용액에 남은, 알 수 없는 감염성 물질은 '병원체이지만 세균에서 분비된 단순한 독소는 아니다'라고 판단하게 되었다. 베이예린크는 이 신비로운 존재에 '바이러스'라는 이름을 공식적으로 붙이고, 이것이 세균과는 확실히 다르며 살아 있는 세포에서만 증식하는 감염성 물질이라고 주장했다.

'바이러스'라는 말은 본래 '병을 일으키는 독'을 뜻하는 라틴어 '비루스(virus)'에서 유래했다. 즉 고대 사람들은 그 실체를 본 적은 없었지만, 병을 일으키는 알 수 없는 독소를 '비루스'라 불렀고, 고대 그리스의 의사 히포크라테스도 이 눈에 보이지 않는 독이 몇몇 질병의 원인이라고 주장했다. 베이예린크는 고대에 막연한 공포의 대상이었던 이 '비루스'의 이름을 빌려와, 순식간에 다른 생물로 번져 나가면서 세균보다는 훨씬 작은 낯선 병원체에 '바이러스'라는 이름을 지어 준 것이다. 그는 바이러스의 특성을 처음으로 정확히 밝혀낸 과학자이기도 했다.

1935년 미국의 웬들 메러디스 스탠리는 바이러스를 아주 작은 결정체 덩어리로 분리해 내는 데 성공했다. 하지만 당시의 광학현미경으로는 바이러스의 개별적인 형태를 직접 관찰할 수는 없었다. 몇 년 후 헬무트 루스카가 자신의 형 에른스트 루스카가 개발한 전자현미경으로 담배모자이크바이러스를 세계 최초로 촬영하는 데 성공했다. 첨단 장치인 전자현미경의 도움으로 인류는 마침내 바이러스의 정체를 눈으로 직접 확인할 수 있게 된 것이다.

빛 중에서 우리 눈으로 볼 수 있는 것을 가시광선이라 한다. 가시광선은 보통 파장이 380~780나노미터 정도이다. 빛이 우리 눈의 망막에 닿으면 시신경은 파장이 380~780나노미터 사이에 있는 가시광선만 인지할 수 있다. 가시광선 안에서 파장이 긴 것에서 짧은 것 순서로 빨강, 주황, 노랑, 초록, 파랑, 남색, 보라로 인식되어 눈에 보인다. 그런데 바이러스는 우리가 볼 수 있는 가장 짧은 파장의 길이보다 작기 때문에 빛을 이용해 크기를 확대하는 광학현미경으로는 볼 수 없다. 이것이 오랫동안 바이러스의 존재를 밝혀내지 못한 가장 큰 원인이었다.

하지만 전자현미경은 가시광선보다 파장이 짧은 전자기선을 쏘고, 그것이 반사되는 모양을 컴퓨터로 분석해 사진을 만드는 시스템을 쓴다. 이 덕분에 바이러스는 더 이상 어둠 속에 몸을 숨기지 못하고 실체를 드러내게 되었다.

과학자들은 세포보다 작은 바이러스가 마치 암석처럼 규칙적으로 배열된 결정을 만드는 것을 보고 깜짝 놀랐다. 보통 살아 있는 생물은 이런 결정구조를 보이지 않기 때문이다. 스탠리는 실험을 거듭한 끝에 담배모자이크바이러스를 세계 최초로 결정화해 바이러스의 화학적 구조를 밝혀냈다. 그리고 1946년에는 바이러스가 리보핵산(RNA)과 단백질의 복합체임을 깨닫도록 기반을 닦은 공로를 인정받아 노벨 화학상을 받았다.

1950년대 후반, 생물의 유전정보를 저장하는 물질이 디옥시리보핵산(DNA)이고, 유전정보를 전달하는 물질이 리보핵산이라는 사실이 밝혀지자 바이러스의 구조가 좀 더 확실하게 드러났다. 바이러스는 유전체인 DNA나 RNA를 단백질 껍질로 보호하는 아주 작은

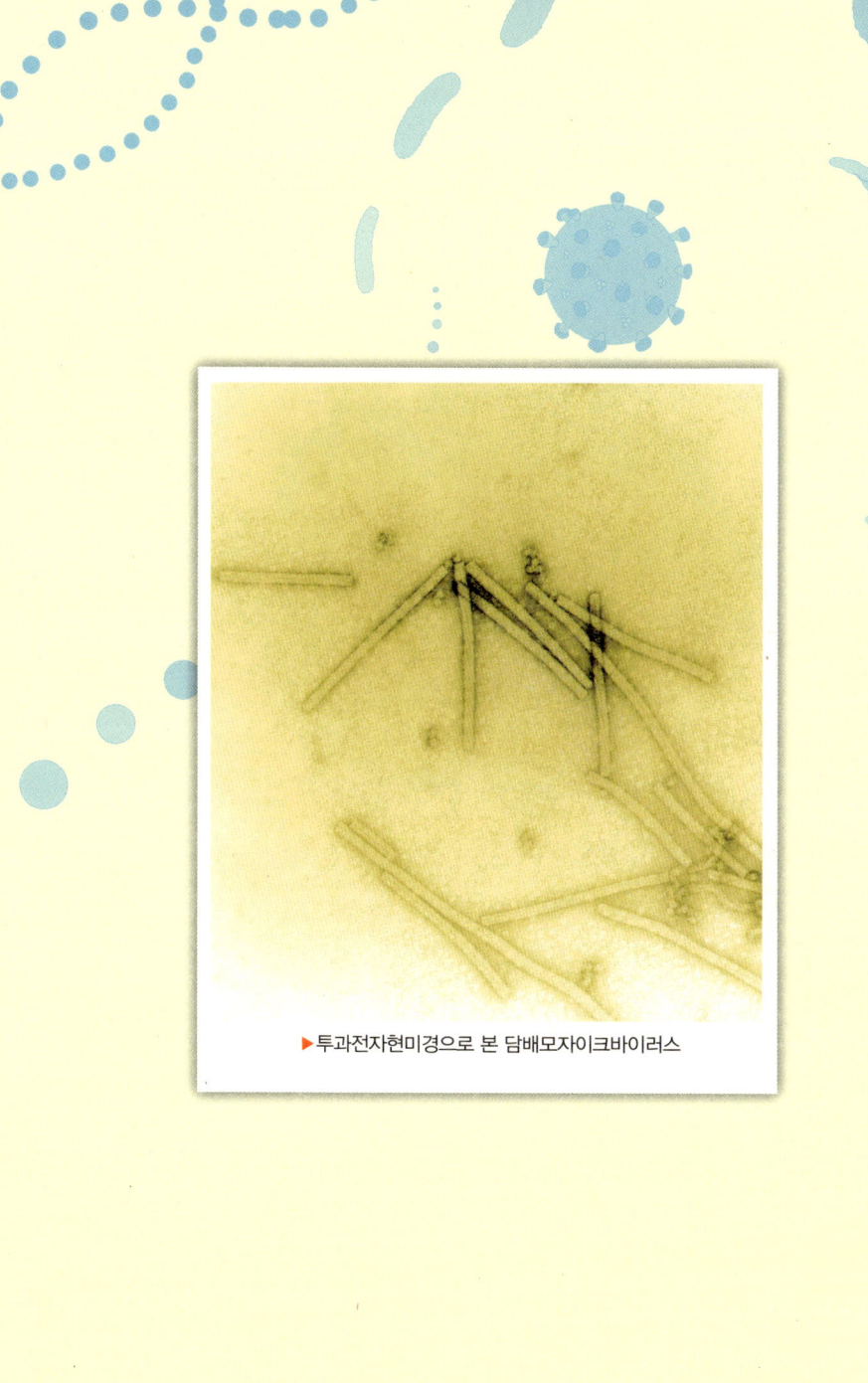

▶투과전자현미경으로 본 담배모자이크바이러스

입자였다.

　그런데 최근까지도 바이러스를 무생물로 보는 의견이 많았다. 엄연히 후손에게 전달할 유전체를 가지고 있지만, 생물이라면 기본적으로 갖추어야 할 필수 조건을 갖추지 못했기 때문이다. 그래서 바이러스가 무엇인지를 자세히 살펴보기에 앞서, 과연 생물, 즉 '살아 있다'라는 것이 무엇을 의미하는지부터 살펴보려 한다.

생물과 무생물의 경계

　생물을 이루는 기본단위는 세포다. 세포는 지질막으로 둘러싸인 작은 주머니다. 하나의 세포로 이루어진 생명체인 세균의 크기는 보통 10마이크로미터(10^{-6}미터) 정도이고, 대형 오징어의 신경세포 중에는 1미터에 이르는 것도 있다.

　모든 세포(생명체)는 세포막으로 자신을 둘러쌈으로써 스스로를 외부 환경과 구분 지어 하나의 덩어리를 이룬다. 여기서 세포막이 중요한 이유는 자신의 유전정보를 내가 아닌 것으로부터 차단시켜 생존한 뒤 내가 아닌 환경 속으로 그 유전정보를 퍼뜨려 생존하도록 도와주기 때문이다. 유전정보를 퍼뜨리는 과정은 자신의 유전체와 똑같은 것을 복제하면서 시작된다. 복제되어 2개가 된 유전체는 곧 2개의 똑같은 세포를 만들어 분열한다. 그런데 이렇게 후손을 만들어 퍼뜨리려면 세포는 에너지가 필요하다.

세포가 에너지를 만들려면 외부에서 가져온 영양분을 이용해 여러 가지 물질을 합성해야 한다. 이렇게 합성된 물질로 에너지를 만들어 쓴 뒤 남은 찌꺼기는 세포 밖으로 내보낸다. 이런 과정을 '대사'라고 하며, 세포 스스로 외부 환경과 상호작용하며 대사할 수 있을 때 우리는 '살아 있다'라고 표현한다.

예를 들어, 사람이 밥을 먹으면 밥 속의 탄수화물은 소화 과정을 거쳐 포도당이 된다. 포도당은 혈액에 실려 온몸의 세포로 고르게 운반되어 에너지를 만드는 재료로 쓰인다. 세포가 포도당으로 에너지를 만들어 저장해 두면 우리는 필요할 때마다 그것을 꺼내 걷기, 말하기, 먹기 등의 활동에 쓸 수 있다.

모든 세포에게는 일정한 수명이 있다. 따라서 자신이 사라진 뒤에도 생명이 유지되려면 후손을 만들어야 한다. 이를 위해 세포는 자신의 유전체를 두 배로 복제하고, 그것을 절반으로 나누어 분열한다.(세포분열) 분열 후에는 분열하기 전과 똑같은 세포가 하나 더 생겨나 두 개의 세포가 된다. 분열 전의 세포는 분열과 동시에 사라지고, 대신 사라진 세포와 똑같은 두 개의 세포가 생겨나는 것이다. 이처럼 세포는 몇 번이나 자기복제를 반복하고 분열하면서 자신과 똑같은 것을 늘려 간다.

과학자들은 세포의 이런 특징을 바탕으로 다음과 같은 조건을 갖춘 경우에만 생물로 정의한다.

• 자신을 유지하기 위해 영양분을 에너지로 바꿔 쓰는 대사를 한다.
• 외부의 도움을 받지 않고 스스로 자신과 똑같은 생명체를 복제할 수 있다.

그렇다면 바이러스는 이 조건을 모두 갖추고 있을까?

바이러스는 세균보다 훨씬 작은 알갱이로, 크기는 20~300나노미터 정도이다. 앞에서 언급했듯이 너무 작아 전자현미경으로 들여다보아야 겨우 그 모양을 확인할 수 있다. 보통 세포 하나로 이뤄진 세균의 크기가 10마이크로미터이고 이것을 나노미터로 환산하면(1나노미터=10⁻⁹미터) 1만 나노미터 정도이므로, 세균이 바이러스보다 훨씬 크다는 것을 알 수 있다.

바이러스의 구조를 한마디로 정리하면, '단백질로 둘러싸인 핵산'이다. 유전물질인 핵산(DNA, RNA)과 이를 보호하는 단백질 껍질(캡시드)로 이루어져 있다. 일부 바이러스는 단백질 껍질 위에 한 겹의 지질막을 더 두르고 있다.

바이러스가 생물이라고 주장하고 싶은 사람은 '이게 다야?'라며, 바이러스의 단백질 껍질 속을 탈탈 털어보고 싶을지도 모르겠다. 하지만 아무리 찾아봐도 어떤 세포에서나 볼 수 있는 소기관들이 하나도 보이지 않는다. 외부에서 들어온 양분으로 에너지를 만드는 미토콘드리아도 없고, 생명활동에 필요한 단백질을 만드는 리보솜도 없다. 에너지나 단백질을 만들지 못한다면 생명활동을 하지 못한다는 뜻이고, 생명활동을 못 한다는 건 생물이 아니라는 의미다. 암석 부스러기처럼 생긴 딱딱한 결정 덩어리 안에 복제에 쓰일 유전체만 품고 있는 바이러스를 과연 생물이라 할 수 있을까?

영양분으로 자신을 유지하기 위한 에너지를 만들지 못하고 스스로 증식하지도 못하는 상태의 바이러스는 무생물에 가깝다. 심지어 전자현미경으로 들여다본 모습도 광물 덩어리처럼 육면체나 이십면체의 결정구조를 하고 있다. 게다가 영양분 가득한 세균 배양접시에 넣어두어도 꿈쩍하지 않는다. 세균이라면 순식간에 몇 십 배, 몇 백 배로 불어났을 텐데 말이다.

하지만 바이러스가 자신에게 맞는 숙주세포를 만나 그 속으로 들어가는 순간부터는 완전히 달라진다. 돌멩이보다 더 세상 사는 일에 관심 없어 보이던 알갱이가 잠시 사라지는가 싶더니 이윽고 몇 십 배, 몇 백 배로 수를 늘리며 자라난다. 이처럼 때와 장소만 잘 만나면 그 어떤 생명체보다 더 폭발적인 생명력을 보이며 순식간에 증식하는 것이 바이러스다. 하지만 반드시 다른 세포의 힘을 빌려야 하는 것이 문제다.

숙주세포에 들어가기 전의 바이러스, 즉 단백질에 싸인 유전정보

덩어리일 뿐 생명활동을 할 수 없는 바이러스를 '비리온(virion)'이라 부른다. 굳이 이렇게 구분 지은 이유는 비리온은 무생물이지만 바이러스는 생물로 볼 수 있기 때문이다. 그런 의미에서 일부 과학자들은 바이러스를 가리켜 '생물의 경계선을 넘나드는 반쪽짜리 생물'이라고 정의 내리기도 한다.

바이러스는 생명체를 만들기 위한 설계도를 가졌지만 재료와 공장은 가지고 있지 않다. 달리 말하면, 생명체를 만들 수 있는 설계 프로그램을 가지고 상황에 맞춰 코딩할 수는 있지만, 프로그램을 구현할 재료는 없는 것이다.

그래서 바이러스가 살아남아 후손을 만들어 생명을 이어 가려면 반드시 다른 생물의 살아 있는 세포 안으로 들어가 그 세포의 물질을 이용해 자신의 유전자를 복제해야 한다. 바이러스가 자신의 생명활동에 이용하는 세포를 숙주세포라 하고, 숙주세포를 가진 생물을 숙주라 한다. 그리고 바이러스가 숙주세포 안으로 들어가 자신의 유전체를 복제해 증식하면 '이 세포는 바이러스에 감염되었다'라고 한다.

바이러스는 다른 생물을 감염시켜야만 자신도 생물이 되어 후손을 남길 수 있는 기생체이다. 바이러스는 지구상에 살아 있는 모든 세포에 침입해 기생한다. 동물이든 식물이든 세균이든 가리지 않는다. 심지어 최근에는 바이러스에 침입하는 바이러스도 발견되었다.

숙주세포가 꼭 필요하다 🐛

숙주세포를 만나는 순간부터 바이러스는 놀라운 생명력을 얻는다. 뒤에서 자세히 이야기하겠지만, 요즘 과학계에서는 바이러스를 생물로 보고 생물분류의 체계를 다시 짜려고 한다.

그런데 바이러스가 생명체라면 바이러스를 세상에서 가장 작은 세포라고 할 수 있을까? 하지만 바이러스를 세포로 보기에는 너무 가진 것이 없다. 보통 세포 속에는 핵, 핵을 둘러싼 핵막, 미토콘드리아, 골지체, 소체, 엽록체, 중심체가 있고, 소포체와 그 위에 무수히 달라붙은 리보솜도 있다. 물론 원핵생물이면 핵막이 없고, 식물인지 동물인지에 따라 엽록체나 중심체의 유무가 달라지지만, 바이러스는 이 가운데 그 어떤 것도 가지고 있지 않다. 특히 단백질 합성 공장이라 알려진 리보솜이 없기 때문에 영양분을 흡수해 몸을 유지하고 후손을 남기는 생명활동을 전혀 할 수 없다. 한마디로, 바이러스는 숙주세포 안으로 들어가 그것의 리보솜을 빌려 쓰기 전까지는 생명활동을 전혀 할 수 없는 무생물처럼 보인다.

하지만 숙주세포에 침입하는 데 성공하기만 하면, 바이러스는 폭발적인 생명력을 드러낸다. 이런 일이 가능한 것은 바이러스와 세포 사이를 연결해 주는 중요한 통로가 있기 때문이다. 그 통로는 세포든 바이러스든 공통으로 지닌 2가지 화합물이다. 바로 생명활동을 유지하기 위한 설계도인 DNA와 이 설계도에서 필요한 것을 뽑아 쓰는 작업 지시서인 RNA이다. 바이러스도 세포처럼 DNA나 RNA를 유전체로 가지고 있다.

유전체인 DNA와 RNA는 유전정보를 저장하고 전달하는 매체로, 모두 탄소를 중심으로 수소, 산소, 질소 등이 복잡하게 연결된 화합물이다. 태초에 지구상에 생겨난 몇몇 원소들이 탄소를 중심으로 전자를 주고받으며 일정한 규칙에 따라 결합하면서 A(아데닌), C(시토신), G(구아닌), T(티민)라는 염기 물질도 나타났다. 이 네 가지 염기가 바로 모든 생명체의 설계도인 DNA를 만드는 기본 물질이다. 그리고 이 네 가지 염기 중 T(티민)를 U(우라실)로 살짝 바꾼 것이 RNA다. 앞에서도 말했듯이 RNA는 전체 설계도인 DNA 중에서 작업에 필요한 부분만 베껴낸 작업 지시서이고, 이렇게 베껴내는 작업을 '전사'라고 한다. 전사 과정 중 RNA가 T(티민)를 U(우라실)로 바꾸는 정확한 이유는 아직 밝혀지지 않았다.

염기 물질 A, T, G, C가 어떻게 배열되는지에 따라 DNA의 유전정보가 달라져 다른 생명체가 된다. RNA를 유전체로 삼는 바이러스는 RNA의 염기 A, U, G, C가 배열되는 방식에 따라 다른 바이러스가 되기도 한다. 즉 모든 생명체는 4가지 염기 물질의 구성(염기서열)에 따라 다르게 태어나, 유전정보에 기록된 정보에 따라 생명활동을 이어 간다. 이것은 컴퓨터나 스마트폰이 실리콘으로 만들어진

반도체 칩에 저장된 정보에 따라 움직이는 원리와 같다. 반도체 칩은 전기가 켜지고 꺼지는 것을 나타내는, 1과 0으로 이루어진 디지털 신호로 프로그램을 입력해 다양한 일을 수행한다. 아주 단순한 계산에서 고도의 인공지능 프로그램에 이르기까지 컴퓨터 안에서 돌아가는 모든 정보는 결국 1과 0으로 환산된다. 마찬가지로 모든 생명체의 모든 유전정보는 DNA나 RNA를 이루는 4가지 염기 물질이 어떤 순서로 연결되었는지에 따라 결정된다.

바이러스 또한 DNA와 RNA를 유전체로 사용한다. 평소에는 무생물처럼 아무런 활동을 하지 않다가 숙주세포에 침입만 하면 자신의 유전체인 DNA나 RNA를 순식간에 대량으로 복제해 퍼뜨린다. 아마 이 세상에 존재하는 그 어떤 생물도 바이러스만큼 유전자를 퍼뜨리기에 효율적인 구조를 갖추기는 어려울 것이다. 대를 이어 생존하는 데 꼭 필요한 유전정보 덩어리 핵산(DNA나 RNA)과 그것을 감싼 단백질 껍질만 지닌 아주 작은 몸이라 지구상 어디든 갈 수 있다. 땅속이든 물속이든 식물 속이든 동물 속이든 가리지 않는다. 마치 말 한 마리에 최소한의 가재도구와 무기만 싣고 다니면서 먹고 살기에 최적인 장소를 찾는 유목민과도 같다. 몇 세기 전 몽골의 유목민 칭기즈칸이 순식간에 유럽 대륙까지 장악해 세계를 벌벌 떨게 만들었듯이 몇몇 신종 바이러스도 출현하자마자 몇 달 사이에 전 세계 사람들을 공포에 빠뜨린다. 이것은 생존에 필요한 최소한의 것만 지니고 숙주들 사이를 가볍게 옮겨 다니는 바이러스라서 가능한 일이다.

하나의 세포로 이루어진 세균 역시 빠르게 증식하며 다른 생명체를 감염시킬 수 있다. 세균은 감염시킨 숙주에게서 영양분을 빼앗아 원래 숙주 안에 있던 세포들을 파괴하고, 자신과 똑같은 세포를 하나 더 만들어 분열하며 수를 불려 간다. 바이러스와 닮은 점이 많다. 하지만 자신의 유전체를 대량으로 복제해 증식하는 능력은 바이러스가 세균을 훨씬 능가한다. 바이러스는 하나의 숙주세포에서 순식간에 10만 개로 수를 늘려 퍼져 나갈 수도 있다. 세균과는 비교도 되지 않을 정도로 증식 능력이 뛰어나다. 세균처럼 여러 가지 소기관들을 만들지 않고, 유전체와 그것을 보호할 껍질만 만들면 되므로 증식 속도가 훨씬 빠르다.

바이러스는 세포에 기생해서 살아가는 능력도 뛰어나지만, 숙주세포나 다른 바이러스의 유전자를 가져와 자기 것으로 만드는 능력도 뛰어나다. 다시 말해, 자신의 유전정보에 변이를 일으킴으로써 환경에 적응하는 능력이 뛰어나 숙주의 종류를 바꾸어 가며 지구상 어디에서든 살아남을 수 있다.

요즘 사무실에 출근하지 않고 인터넷과 최첨단 정보통신 기기를 가지고 다니며 자유롭게 일하는 사람들이 많은데, 이런 사람들을 '디지털 노마드'라 한다. 이들은 대부분 남이 하지 않는 창의적인 일에 종사하는 경우가 많다. 바이러스도 마찬가지인데, 최소한의 유전정보만 가지고 숙주들 사이를 자유롭게 오가며 창조적으로 유전정보를 바꿔 살아가는 모습에서 '바이오 노마드'라 할 만하다.

생명과 바이러스의 기원

바이러스를 생물로 보고 생물분류 체계에 넣으려는 사람들이 나타나면서 새로운 논쟁거리가 생겼다. 생명 진화의 역사에서 세포가 먼저 나타났는지, 바이러스가 먼저 나타났는지를 규정하기가 애매하기 때문이다. 마치 닭이 먼저인지 달걀이 먼저인지를 두고 고민하는 것과 비슷한 상황이다.

과학자 대부분은 원시 지구에서 번개와 같은 강력한 전기현상이 일어난 뒤 원소들이 결합했고, 원소 결합이 점점 복잡해져 다양한 탄소화합물이 생겨났으며, 이것이 생명활동을 할 수 있는 개체로 진화한 것으로 본다. 모든 생명의 공통 조상이라 할 수 있는 이 개체는 DNA를 기반으로 한 유전정보 저장 구조와 RNA를 기반으로 한 유전정보 전달 및 해석 구조를 지니고 있었을 것이다. 그 결과 바이러스나 세균, 그리고 인간에 이르기까지 지구상의 모든 생명체는 DNA나 RNA를 유전체로 지니게 된 것이다. 여기에 유전정보 해석

및 단백질 합성 장치인 리보솜이 추가되면서 세포가 생겨났고, 세포는 모든 생명체의 조상으로서 바이러스보다 먼저 출현했을 가능성이 크다. 무엇보다 바이러스는 살아 있는 세포 속으로 들어가 감염시키지 못하면 스스로 증식할 수 없다. 즉 세포가 없으면 살아갈 수 없는 바이러스가 세포보다 먼저 지구상에 출현했다고 보기는 어렵다.

세포가 바이러스보다 먼저 출현했다고 보는 의견은 두 가지로 나뉜다. 첫 번째 가설은 세포가 퇴화되는 과정에서 바이러스가 생겨났다는 생각이다. 세포가 진화할 때 몇몇 세포가 단순화하면서 바이러스가 된 것으로 본다. 원래 세포였던 바이러스가 유전체와 그것을 보호할 단백질 껍질만 남기고 나머지는 모두 버렸다는 것이다. 이런 관점에서 보면, 유전체의 크기가 웬만한 세균보다 두 배나 큰 미미바이러스는 상당히 진화한 세포에서 나온 것으로 볼 수 있다. 다만, 세포가 DNA에 유전정보를 저장하는 것과 달리 바이러스의 절반 이상은 RNA에 유전정보를 저장한다.

바이러스가 세포 밖으로 나올 때 리보솜을 버리는 것을 세포의 퇴화로 보는 의견도 있지만, 꼭 그렇게 볼 일만도 아니다. 퇴화란 장점을 버리고 단점을 취하는 것인데, 리보솜을 버리는 것이 그다지 단점으로 보이지 않기 때문이다. 리보솜을 버리면 스스로 단백질을 만들 수 없어 자신의 힘만으로는 살아갈 수 없게 된다. 어쩔 수 없이 숙주세포 속으로 들어가 기생해야 한다. 하지만 리보솜을 버리면 에너지 소비를 억제해 기동성을 높일 수 있고, 리보솜을 만들기 위한 유전정보가 필요 없어져 유전체의 크기도 줄일 수 있다. 유전체의 크기가 줄면 복제를 정확하고 빠르고 효율적으로 할 수 있다. 숙주세포 안에서 순식간에 대량으로 복제해 증식하는 바이러스의 비결은 어쩌면 리보솜을 버리면서 얻게 된 것인지도 모른다.

두 번째 가설은 세균 내부에 있는 물질이 세균 밖으로 탈출했다는 생각이다. 예를 들어 플라스미드는 세포질 안에 작은 고리 모양으로 떠다니는 DNA 조각이다. 자기복제가 가능한 이 물질이 세포 밖으로 튀어나와 바이러스로 진화했을 수도 있는 것이다. 한편 일부 바이러스는 세포 속에 있는 메신저RNA(mRNA, 제3장 참조)와 구조가 아주 비슷한 RNA를 유전체로 가지고 있다. 아마도 원시 바이러스들이 세포에서 탈출할 때 이런 것들을 가지고 나오지 않았을까 추측해 볼 수 있다.

이처럼 바이러스보다 세포가 먼저라는 의견이 지배적인 가운데, 반대되는 주장을 펼치는 사람들도 있다. 생명이 바이러스로부터 시작되었다고 믿는 사람들이다. 이들은 DNA를 유전체로 가진 바이러스가 세포보다 먼저 나타났을 것이라고 본다. 아마도 이런 원시 바이러스는 DNA가 복제되는 기본단위인 DNA리플리콘 형태를 띠었을 것이다. 그리고 DNA리플리콘은 유전체인 DNA를 둘러싼 막과 그것을 보호하는 캡시드라는 단백질 껍질로 이루어졌을 것이다. 나중에 막은 세포막으로, 단백질 껍질은 세포벽으로 진화한 것으로 본다.

또 다른 바이러스 기원설은 'RNA 월드 가설'이다. 현재 바이러스를 제외한 생물은 모두 DNA를 유전체로 삼는다. 그런데 이 가설에서는 DNA가 나타나기 전에 RNA가 먼저 생겨났다고 본다. 즉 유전자 역할을 하는 RNA에 새겨진 정보가 우연히 DNA를 만들어 냈고, 이후 좀 더 안정적인 DNA가 본격적인 유전체 역할을 하는 세포로 진화했다는 가설이다. 뒤에서 다루게 될 레트로바이러스는 지금도 RNA에 새겨진 정보를 바탕으로 DNA를 만들어 내고 있다.

지금까지 소개한 이야기는 모두 가설이다. 이 중 어느 것이 맞는지를 알아내는 것은 앞으로 과학자들이 풀어야 할 숙제다. 다만, 지금 이 순간 확실히 말할 수 있는 것은 '바이러스는 모든 생물과 공통된 유전자 구조를 지닌 또 하나의 생명체'라는 사실이다. 물론 바이러스가 세포 안으로 들어가는 순간부터 그렇다.

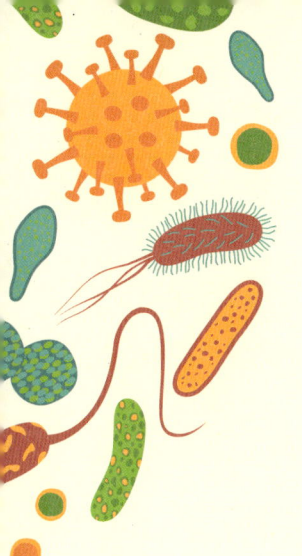

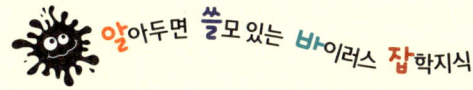
알아두면 쓸모 있는 바이러스 잡학지식

바이러스의 천적,
구리

코로나19 바이러스(SARS-CoV-2)로 인해 팬데믹이 일어나자 사람들은 손 씻기와 마스크 착용이 일상이 되었다. 이 두 가지는 기침이나 재채기, 그리고 말을 할 때 튀어나오는 비말(기침방울이나 침방울) 속 바이러스를 피하는 가장 효과적인 방법이다. 바이러스는 비말뿐만 아니라 감염자가 자신의 입 주변을 만지거나 코를 푼 손으로 접촉한 물건에서도 살아남아 다른 사람을 감염시킬 수 있기 때문이다.

미국 국립 알레르기·감염병 연구소의 연구 발표에 따르면, 코로나19 바이러스는 플라스틱 위에서는 최대 3일 동안, 판지 위에서는 24시간 동안 살아 있다. 바이러스가 살아 있다는 말은 언제든 세포 속으로 침입해 감염시킬 수 있다는 말이다. 심지어 밀폐된 공간에서 감염자가 기침이나 재채기를 할 때 생긴 에어로졸 속에서 바이러스는 3시간 동안이나 살아 있으면서 같은 공간에 있는 다른 사람들을 감염시킨다고 한다. 참고로 에어로졸은 공기 중에 미세한 바이러스 입자 같은 것이 섞인 상태를 말한다. 또 다른 연구 결과를 살펴보면, 원목가구에서는 4일, 플라스틱에서는 최대 9일까지 살아 있었다. 대부분의 감염성 바이러스는 침이나 배설물 같은 액체 속에서 장기간 감염력을 유지할 수 있고, 일부는 저온 상태에서 28일이나 살아남기도 한다.

코로나19 바이러스처럼 지질막으로 둘러싸인 바이러스를 무력화시키는 최선의 방법은 알코올이 함유된 소독제를 사용하거나 비누로 손을 씻는 것이다. 이런 물질은 바이러스를 둘러싼 지질막을 파괴한다. 그래서 요즘은 식당이나 카페에서 종업원이 테이블을 소독약으로 닦는 광경을 흔히 볼 수 있다. 하지만 소독약과 비누를 사용하는 데에도 한계는 있다. 그래서 일부 사람들은 아예 바이러스와의 접촉을 차단하기 위해 문을 열 때 팔꿈치로 밀거나 지하철에서 손잡이를 잡지 않는데, 그로 인해 안전 사고를 당하기도 한다. 문고리나 손잡이 같은 장치는 사고의 위험성을 줄여 주는 시설물이므로 잡는 편이 안전하다.

그래서 나온 것이, 물건에 손을 대더라도 코로나19의 감염 위험을 감수하지 않아도 되는 항균 필름이다. 항균 필름은 이름 그대로 세균 활동을 방해하는 필름으로, 항바이러스 기능도 가지고 있다. 실제로 코로나19 사태 이후 사람들의 손길이 많이 닿는 엘리베이터 버튼, 자동문 버튼, 문고리 등을 이 얇은 필름으로 덮어 놓은 곳이 많아졌다.

이 필름이 항균과 항바이러스 기능을 갖게 된 것은 필름 내 구리 성분 덕분이다. 실험 결과에 따르면 인플루엔자바이러스를 구리 표면에 접촉시킨 상태로 두었더니 1시간 후 75퍼센트, 6시간 후에는 100퍼센트 가까이 감염력을 잃었다. 코로나19 바이러스는 구리에 접촉시키면 4시간 뒤에 감염력이 거의 사라졌다.

구리가 세균이나 바이러스를 죽이는 원리는 아직 정확하게 밝혀지지 않았다. 아마도 구리가 수분에 노출되어 생기는 구리 이온(원자가 전자를 잃거나 얻어 전기를 띤 상태) 때문으로 보인다. 금속은 대부분 액체와 접촉하면 전자를 잃고 양이온이 되려는 경향이 있다. 금속의 일종인 구리도 마찬가지다. 구리가 이온 상태가 되면 전자를 잃고 양전하를 띠면서 불안정해진다. 그러면 구리 이온은 안정되기 위해 산소를 찾아 주위의 세균이나 바이러스를 건드린다. 관찰 결과에 따르면, 구리 이온은 바이러스를 둘러싼 막과 그 안의 유전체를 파괴하는 것으로 드러났다.

사실 우리 조상은 오래전부터 이러한 구리의 효능을 알고 보이지 않는 병원체를 죽이려는 목적으로 일상에서 구리를 활용해 왔다. 전통 식기인 놋그릇이 좋은 예다. 놋그릇은 살균 효과가 있어서 음식이 잘 상하지 않고, 미나리 같은 채소를 담아 두면 채소에 붙어 있는 거머리 같은 해충을 죽인다. 이는 놋그릇의 재료인 놋쇠 안에 함유된 구리 성분 때문이다. 우리 조상뿐만 아니라 고대 서양인도 구리의 항균 혹은 항바이러스 효과를 어렴풋이 알고 있었던 듯하다. 고대인이 남긴 기록에 '구리 항아리에 식수를 담아 보관하고, 눈병에 걸리면 구리 대야에 물을 담아 눈을 씻었다'라는 내용이 있다.

최근의 실험에서는 모기 유충을 구리 용기와 유리 용기에 나누어 길렀더니 놀라운 결과가 나왔다. 유리 용기에서 기른 유충은 90퍼센트 가까이 성충으로 자랐는데, 구리 용기에서 기른 유충은 성충이 되기 전에 모두 죽고 말았다. 이후 야외에서 모기가 자랄 만한 곳을 찾아 한 곳에는 구리판을 두고, 다른 한 곳에는 구리판을 두지 않은 채 비교하는 실험도 진행했다. 그 결과 구리판을 두지 않은 곳에서는 모기 유충이 많이 자랐지만, 구리판을 둔 곳에서는 모기 유충이 한 마리도 자라지 않았다. 구리로 모기의 성장을 막을 수 있다는 것은 모기가 옮기는 뎅기열바이러스, 지카바이러스, 황열병바이러스도 막을 수 있다는 뜻이다. 바이러스를 직접 파괴할 뿐만 아니라 바이러스를 옮기는 숙주까지 죽일 수 있다니, 구리는 바이러스의 천적이라 할 수 있겠다.

한편 최근에는 구리합금으로 된 놋그릇보다 더 인기를 끄는 새로운 구리 제품도 생겨났다. 바로 구리섬유로 제작한 항바이러스 마스크이다. 이 마스크는 몇 번이고 빨아 쓸 수 있어 지구를 살리는 친환경 제품으로도 인정받고 있다.

2장

바이러스는
어떻게 살아갈까?

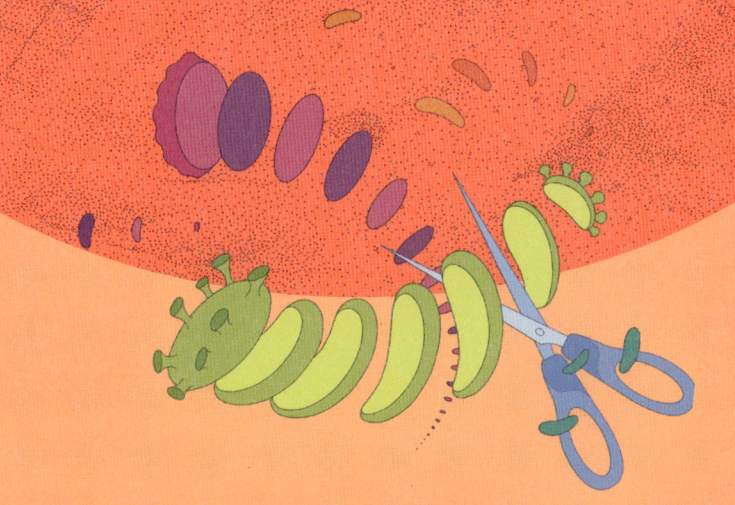

바이러스는 어떻게 생겼을까 🌶

　바이러스의 구조를 한마디로 정의하면 '단백질로 둘러싸인 핵산 덩어리'이다. 유전물질인 핵산(DNA나 RNA)과 이를 보호하는 단백질 껍질(캡시드)로 이루어져 있고, 지질막이 한 번 더 그 위를 둘러싸는 종류도 있다. 이처럼 구성요소는 비슷하지만, 겉모습은 단백질 껍질의 모양에 따라 여러 가지다. 둥근 것도 있고, 우주선처럼 머리와 꼬리로 나뉘는 형태도 있다.

　바이러스의 평균 크기는 20~300나노미터 정도다. 세균이 병원성을 지니면 식중독, 설사, 결핵, 페스트, 콜레라 등을 일으키고, 바이러스가 병원성을 지니면 독감, 에이즈, 간염 등을 일으킨다.

　바이러스는 생물체의 살아 있는 세포 안으로 들어가 그 세포의

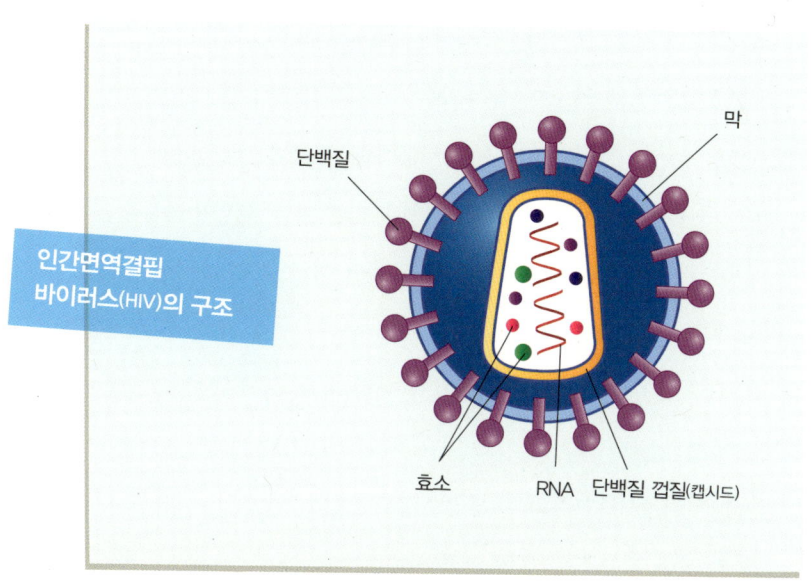

인간면역결핍
바이러스(HIV)의 구조

단백질

막

효소

RNA

단백질 껍질(캡시드)

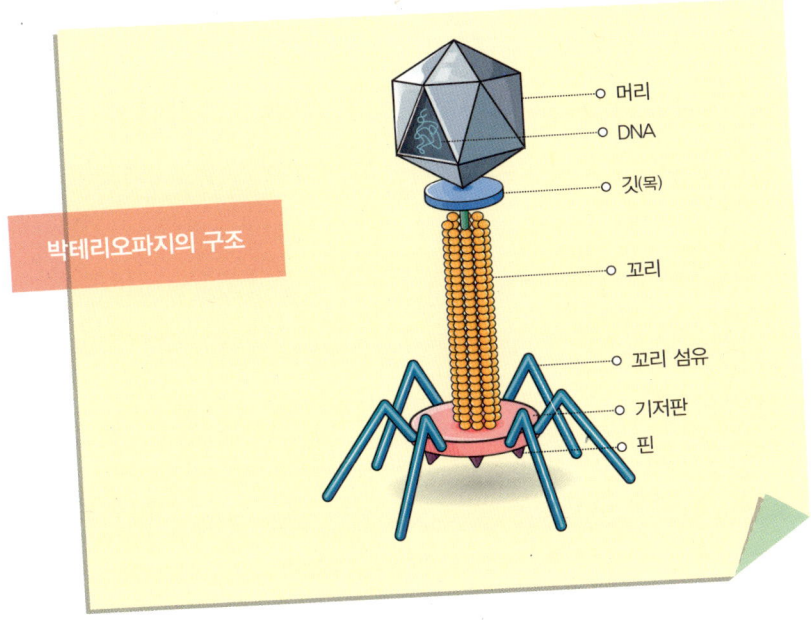

박테리오파지의 구조

머리

DNA

깃(목)

꼬리

꼬리 섬유

기저판

핀

물질을 이용해 유전자를 대량으로 복제해 증식한다. 바이러스가 기생해 영양분을 얻으며 살아가는 숙주는 사람이 될 수도 있고, 동물이나 식물이 될 수도 있다. 심지어 단세포로 이루어진 세균이나 동족인 바이러스에 기생하기도 한다. 숙주가 죽으면 바이러스는 더 이상 숙주세포 안에서 필요한 물질을 얻어 쓰거나 자신의 유전자를 복제해 증식할 수 없기에, 대부분의 바이러스는 숙주를 죽이지 않고 숙주와 함께 살아가는 방법을 택한다. 따라서 감염은 대부분 숙주에게 특별히 심한 증상을 일으키지 않고 가볍게 지나간다.

바이러스가 숙주와 함께 살아갈 수 있는 가장 큰 이유는 생명활동에 대한 기본적인 설계도가 비슷하기 때문이다. 생물은 DNA에 유전정보를 저장하고, 이 중 일부를 복사한 RNA 조각들을 이용해 생명활동에 필요한 각종 단백질을 만들어 쓰는데, 이는 바이러스도 마찬가지다. 다만, 바이러스는 DNA나 RNA 중 하나만 가지고 있고, 가지고 있지 않은 것은 숙주세포로 침입한 뒤 그 안에서 만든다는 점이 다르다. 특히 RNA 형태의 유전체만 지닌 바이러스는, DNA에 유전정보를 저장하고 RNA를 그 유전정보에 대한 작업 지시서로 사용하는 세포와는 구조가 좀 다르다고 볼 수 있다.

바이러스가 똑같은 유전체를 한 벌 더 만들어내는 과정을 '유전체 복제'라고 한다. 바이러스가 유전체 복제로 후손을 만들어 퍼뜨리려면 일단 숙주세포 속으로 들어가 감염시켜야 한다. 바이러스가 숙주세포를 감염시키는 과정을 살펴보자.

우선 바이러스가 몸속으로 들어가면 몸속을 흘러다니는 물 분자에 떠밀려 주변에 있는 세포에 붙었다 떨어졌다 한다. 이 과정에서 바이러스 껍질의 돌기와 맞는 수용체를 지닌 세포가 나타나면 둘은 결합한다. 꼭 맞는 열쇠와 자물쇠를 찾은 것처럼 말이다. 세포는 자신과 결합한 바이러스를 삼키듯 안으로 끌어들인다. 세포 안으로 들어간 바이러스는 스스로 단백질 껍질을 부수고 자신의 유전체인 DNA 혹은 RNA를 내보낸다. 이후 세포 내 물질을 이용해 DNA 혹은 RNA를 대량으로 복제하고, 새로운 단백질 껍질도 만든다. 이렇게 세포 내 물질을 빌려 만든 것들이 조립되면 새로운 바이러스로 성숙하게 되고, 성숙이 끝난 후손 바이러스들은 숙주세포의 막을 찢고 쏟아져 나온다. 방출된 바이러스 중에는 단백질 껍질 위로 지질막(엔벨로프)이 덮인 것도 있는데, 이 지질막은 바이러스가 숙주세포 밖으로 방출될 때 세포막 일부를 뜯어 감싸고 나온 것이다.

세균을 감염시키는 바이러스를 박테리오파지, 간단하게 파지(phage)라고 한다. 파지는 '먹어 삼키다'라는 뜻의 그리스어로, '세균을 잡아먹는 바이러스'를 의미한다. 지구상에 있는 세균보다 10배는 더 많다는 이 바이러스는 세균 속으로 침입하는 과정이 일반 바이러스와 조금 다르다. 우선 겉모습부터 특이하다. 마치 우주선같이 생겼고, 침입하는 모습도 우주선이 착륙하는 것과 비슷하다.

입체도형 모양을 한 파지의 머리 부분에는 유전체가 들어 있고, 아래쪽 꼬리 부분에는 기저판과 미세섬유 조직인 다리가 있다. 기저판은 세균 표면을 인식하고 부착하는 역할을 하며, 다리는 부착을 돕는다. 바이러스가 자신에게 맞는 숙주를 찾으면 숙주세포의 표면에 있는 특정 수용체가 바이러스의 기저판에 끼워지는데, 자물쇠에 열쇠를 끼우는 것처럼 서로 이미 정해진 짝이 있다. 짝을 만나는 순간부터 세균은 바이러스에게 잡아먹힐 운명에 처한다.

물론 세균이 바보가 아닌 이상 자신을 잡아먹을 바이러스가 달라붙도록 허락할 리 없다. 바이러스가 세균의 수용체에 달라붙을 때 세균을 속이기 때문에 가능한 일이다. 바이러스는 자신을 영양분으로 쓰일 분자 덩어리처럼 위장한다. 마치 위조한 열쇠로 문을 열고 들어가는 도둑처럼 행동하는 것이다. 세균에 달라붙은 파지는 몸통 끝에 달린 주삿바늘 같은 침을 내리꽂아 세포막에 구멍을 내 자신의 유전체를 밀어 넣는다. 그 결과 세포 표면에는 단백질 껍질만 남고, 더 이상 보호할 유전체를 잃은 이 껍질은 저절로 분해된다.

그렇게 세균 속으로 들어간 바이러스는 재빨리 자신의 유전체를 복제하기 시작한다. 파지는 다른 바이러스들처럼 세포 속으로 들어간 뒤 단백질 껍질을 부수는 과정이 필요 없어 복제와 증식을 더 빨리 해낼 수 있다. 세포 속의 리보솜을 이용해 자신의 DNA나 RNA를 보호할 단백질 껍질을 만들어 원래의 모양을 다시 갖추면 후손

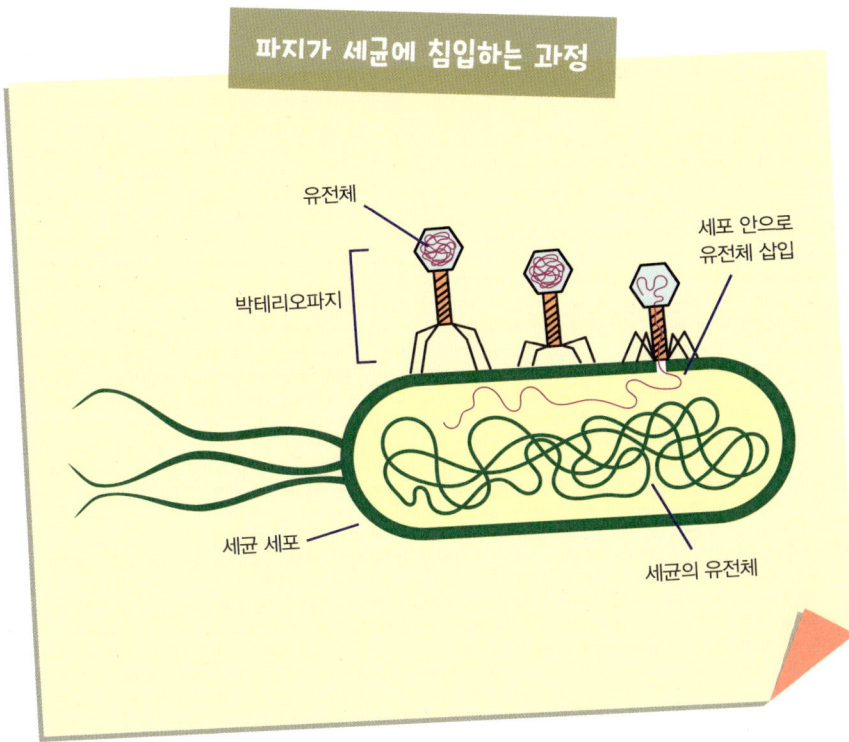

유전체

박테리오파지

세포 안으로
유전체 삽입

세균 세포

세균의 유전체

바이러스가 완성된다. 그렇게 후손 바이러스들이 세포 안에 가득 차면 빵빵한 풍선이 터지듯 세포막이 찢어지면서 수많은 파지가 한 꺼번에 방출된다. 이때 세포 하나당 2만 5,000개에서 많게는 10만 개까지의 파지가 쏟아져 나와 주변의 체액을 타고 온몸의 다른 세 포들로 퍼진다. 대표적인 파지인 'T4 파지'는 대장균을 감염시키면 30분 내에 복제와 증식을 마친 뒤 터져 나온다.

세균을 파괴하지 않는 평화로운 파지도 있다. 일부 파지는 세균 의 DNA 안에 자신의 유전체를 슬쩍 끼워 넣고 세균이 세포분열로 증식할 때마다 함께 증식하며 조용히 지낸다. 하지만 이런 평화는 세균이 영양분 섭취를 잘해 부지런히 분열할 동안만 유지되는 경우 가 많다. 아주 영리한 파지들은 숙주인 세균이 굶주린 상태가 되면 세균이 죽기 전에 재빠르게 자신의 유전체를 복제해 수십 배로 증 식한 뒤 숙주세포인 세균을 터뜨리고 나온다. 평소에는 숙주세포에 빌붙어 지내다가 숙주세포가 힘을 잃자 그 세포를 죽이고 살아남는 것이다. 이는 인간의 눈에는 아주 교활한 행동으로 비쳐지지만 생 태계의 입장에서는 어느 한쪽이라도 살아남는 영리한 행위이다. 이 러한 모습에서 바이러스야말로 지구상에서 가장 마지막까지 살아 남을 존재라는 생각까지 든다. 만약 자신이 기생할 마지막 세포까 지 죽어 버린다면 바이러스는 그 끈질긴 생명력을 발휘해 스스로 세포로 진화하고도 남을 것 같다.

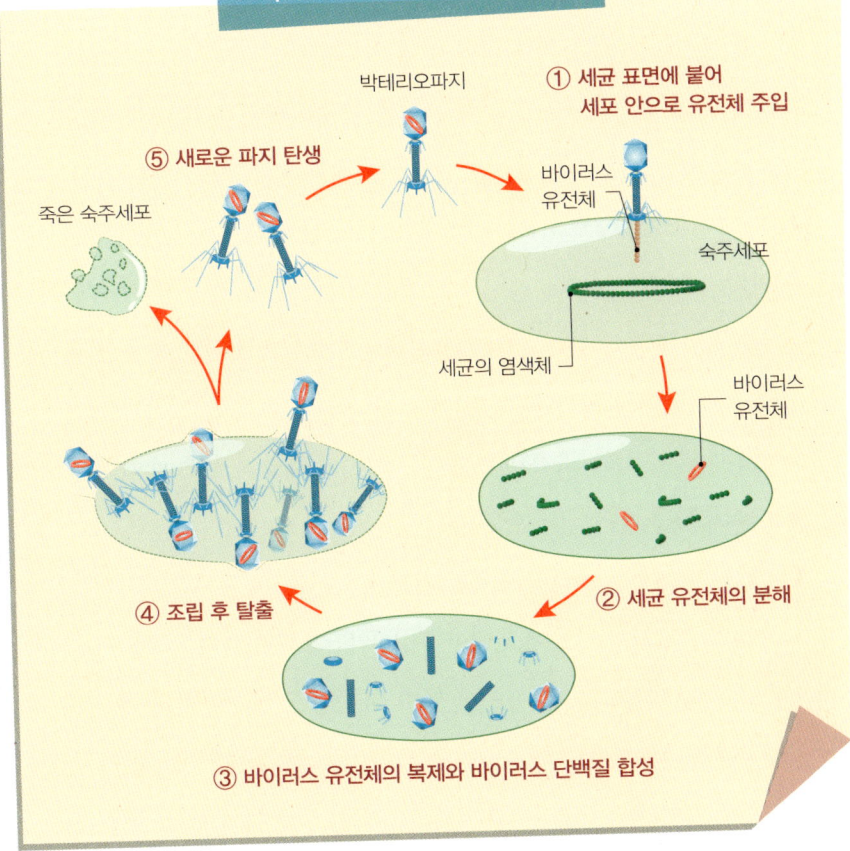

박테리오파지의 라이프 사이클

박테리오파지

① 세균 표면에 붙어
세포 안으로 유전체 주입

⑤ 새로운 파지 탄생

바이러스
유전체

죽은 숙주세포

숙주세포

세균의 염색체

바이러스
유전체

② 세균 유전체의 분해

④ 조립 후 탈출

③ 바이러스 유전체의 복제와 바이러스 단백질 합성

변이와 재조합의 귀재 🐛

　바이러스의 놀라운 생명력은 그들 스스로가 유전자에 변화를 줄 수 있는 생명공학자라는 데서 나온다. 심지어 어떤 바이러스는 유전자 가위를 쓰듯 유전체 일부를 잘라 내고 다른 바이러스나 숙주세포의 유전자를 가져와 붙이기도 한다. 바이러스는 왜 이런 일을 하는 걸까?

　보통 파지의 공격을 받은 세균 무리 중 극소수는 살아남는다. 돌연변이나 적응을 통해 바이러스 감염에 저항력이 생긴 덕분이다. 살아남은 세균은 세포분열을 통해 방어력을 갖춘 자신의 특성을 퍼뜨리고, 그 수가 불어날수록 파지가 기생해서 살아갈 세균은 없어진다. 위기에 처한 파지는 세균을 감염시킬 새로운 방법을 찾아내야 한다.

　보통 세균은 표면의 수용체를 바꾸어 바이러스를 물리친다. 자물쇠나 마찬가지인 이 수용체에 아주 미세한 변화만 생겨도 바이러스는 더 이상 자물쇠를 열 수 없게 된다. 자물쇠 모양을 바꾼 세균들이 세포분열로 늘어나면 파지는 자신이 갖고 있는 열쇠가 자물쇠에 들어맞지 않는다는 사실을 감지한다. 그리고 이때부터 놀라운 변신을 시도한다.

　세균 표면의 수용체 변화에 적응하는 방법으로 파지는 자신의 유전자를 복제하는 과정에서 돌연변이를 허용한다. 파지의 유전자에 생긴 아주 미세한 돌연변이는 유전체를 복제할 때 기존과 다른 순서로 염기를 갖다 붙이면서 생겨난다. 특히 세균 표면의 수용체와 결합하는 파지의 꼬리 부분에 변화를 가해 새로운 수용체에 들어맞는 꼬리가 만들어지면 다시 세균 속으로 침입할 수 있다. 이처럼 일부 유전자가 미세하게 변화하는 것을 '유전자 변이'라고 한다. 아주 미세한 변화이지만 바이러스의 생사를 결정할 만큼 중요한 의미를 지닌다.

사스(SARS, Severe Acute Respiratory Syndrome, 중증급성호흡기증후군), 메르스(MERS, Middle East Respiratory Syndrome, 중동호흡기증후군), 코로나19(COVID-19)는 모두 같은 종류의 바이러스가 변이한 것들이다. 연구 결과에 따르면, 이들은 박쥐의 몸에 있던 코로나바이러스가 변이를 일으키면서 생겨났는데 그중에서 사스와 코로나19의 코로나바이러스는 유전체의 염기서열이 매우 비슷하다. 코로나19 병원체인 신종 코로나바이러스의 정식 명칭이 '사스-코브-2(SARS-CoV-2)'인 것도 이런 이유에서다. 코로나19 바이러스에 최초로 감염된 환자는 뱀과 고양이를 요리해 먹은 가족인 것으로 보인다. 박쥐를 숙주로 삼던 코로나바이러스가 사향고양이를 거쳐 집고양이, 혹은 환자가 요리해 먹은 닭이나 뱀 등으로 옮아간 것으로 추정된다. 이 바이러스는 원래 사람을 감염시키지 못했지만, 변이를 일으켜 결국에는 사람을 숙주로 삼는 능력을 만들어냈다.

　이렇게 숙주의 종을 바꿀 정도로 변이하기 위해 바이러스는 다른 바이러스와 유전체 한 조각을 통 크게 교환하기도 하는데, 그러면 완전히 새로운 변종 바이러스가 나타난다. 이렇게 변종이 나타나는 과정을 '유전자 재조합'이라고 하며, 유전자 교환 규모가 일정 규모 이상으로 커지면 '유전자 재편성'이라고 부른다. 유전자 재조합은 서로 다른 두 종류의 바이러스가 동시에 하나의 숙주세포를 감염시킬 때 일어난다. 두 바이러스가 숙주세포 안에서 각각 자신의 유전체를 복제할 때 서로 유전자가 섞이는 현상이 일어나는데, 이때 유전자를 교환하는 규모가 염기 물질 160개 이하이면 유전자 재조합으로 보고, 그 이상은 유전자 재편성으로 본다.

　코로나19 바이러스도 유전자 재조합으로 생겼다고 할 수 있다. 하나의 숙주세포가 두 가지 박쥐 코로나바이러스에 감염되면서 유전자 재조합이 일어나 인간을 감염시킬 수 있는 바이러스로 변이한 것으로 보인다. 이외에 HIV(인간면역결핍바이러스)도 유전자 재조합으로 탄생한 것으로 보는데, 1980년대부터 발생한 치명적인 에이즈(AIDS.후천성면역결핍증)의 병원체가 이 바이러스이다.

　최초의 에이즈 환자는 1980년 미국 로스앤젤레스에서 보고되었다. 당시 의사들은 젊은 청년들 사이에 '칼리니 폐렴'이 유행하는 현상에 의문을 품었다. 이 폐렴은 면역력이 극도로 약한 환자나 노인이 걸리는 희귀한 질병이었기 때문이다. 청년 환자들을 정밀 검사하자 몸에 항체를 만드는 세포가 하나도 없는 것으로 드러났다. HIV에 감염된 에이즈 환자였기 때문이다. 이후 에이즈는 전 세계로 퍼지면서 많은 사망자를 냈다. 그중에는 대중의 사랑을 받았던 영화배우와 가수, 그리고 뛰어난 예술가와 사상가들도 있었다. 과학자들은 HIV가 어디서 왔는지를 추적하기 시작했다.

HIV는 침팬지보다 작은 원숭이로부터 시작됐다. 이 영장류가 두 종류의 바이러스에 동시에 감염되면서 씨앗이 싹텄다. 원숭이 몸속에서 바이러스들이 각각 자신의 유전체를 복제하면서 서로 유전자를 교환하는 유전자 재조합이 일어난 것이다. 이런 유전자 재조합으로 생겨난 바이러스 중에는 침팬지의 세포를 감염시킬 능력을 가진 것도 있었다. 이른바 침팬지면역결핍바이러스다. 침팬지를 감염시킨 이 바이러스는 침팬지와 유전체 구성이 99퍼센트 정도 일치하는 인간을 감염시키면서 HIV가 되었다.

HIV는 종을 넘어온 바이러스답게 이 바이러스에 대한 면역이 없는 인간에게 매우 치명적이다. 우리 몸을 지키는 면역계의 최고 지휘관인 헬퍼T세포를 감염시킨 뒤 파괴해 몸 전체의 면역 기능을 완전히 망가뜨리기 때문이다. 그 영향으로 감염자는 면역력이 거의 사라진 상태에서 각종 감염증과 악성종양에 걸려 죽음에 이른다.

아프리카 밀림의 침팬지 몸속에 있던 이 바이러스가 인간에게 옮아온 가장 큰 이유는 인간의 욕심 때문이다. 무분별한 개발로 아프리카의 조용한 숲을 파괴하는 과정에서 그곳에 살던 바이러스와 접하며 모든 일이 벌어진 것이다.

바이러스의 유전자 변이와 유전자 재조합이 쉽게 일어나는 이유는 무엇일까? 유전체가 불안정한 한 가닥 RNA로 이루어진 경우가 많기 때문이다. 바이러스의 유전체가 DNA일 경우 좀 더 안정적이다. 두 가닥이 서로 꽈배기 모양으로 꼬이며 결합해 있어 복제할 때 일부가 끊어져 나가기 어렵고, 복제 과정에서 짝이 맞지 않는 염기가 연결되면 스스로 보정하는 기능도 발휘한다. 따라서 복제 과정에서 실수로 유전자 변이가 일어나거나 유전자 조각이 통째로 떨어져 나가고 다른 유전자로 교체되는 일은 거의 없다.

매년 독감이 유행하는 이유

한 가닥 RNA를 유전체로 가진 바이러스 중에서 유전자 재편성이라고 부를 정도의 대변이가 잘 일어나는 바이러스는 인플루엔자바이러스이다. 인플루엔자바이러스의 구조를 살펴보면, 유전체인 한 가닥 RNA가 7~8조각으로 나뉘어 단백질 껍질 속에 들어가 있다. 이 RNA 조각들이 원래 숙주세포 안에 있던 다른 RNA 조각들과 결합해 다양한 변이를 만드는데, 그 속도가 매우 빠르다.

인플루엔자바이러스 표면에는 H(혜마글루티닌)와 N(뉴라미니다아제)이라는 단백질 돌기가 늘어서 있다. H는 숙주세포에 들어갈 때 문을 여는 열쇠이고, N은 증식한 뒤 숙주세포에서 빠져나올 때 세포막을 찢는다. 이 두 단백질 돌기는 지금까지 H가 18종, N이 11종이 발견됐을 만큼 종류가 다양하다. 이 중에서 사람 몸에서 번식할 수 있는 인플루엔자바이러스에서 발견된 H는 3종, N은 9종이다. 인플루엔자바이러스에 돌연변이가 일어나 인간을 감염시킬 수 있는 H와 N이 새로운 조합을 이루게 되면 신종 인플루엔자바이러스가 태어난다. 사람들은 대부분 이 새로운 바이러스에 면역이 없으니 우리는 독감 유행에 직면할 수밖에 없다. 20세기 동안 인플루엔자바이러스가 크게 유행한 적이 세 번 있는데, 1918년에 유행한 스페인독감바이러스는 H1N1형, 1957년에 유행한 아시아독감 바이러스는 H2N2형, 1968년에 유행한 홍콩독감 바이러스는 H3N2형이었다.

사람을 감염시키는 인플루엔자바이러스의 종류가 다양한 이유는 변이 능력 때문이다. 특히 H5N1형인 조류인플루엔자의 역할이 크다. 조류인플루엔자는 야생 오리와 같은 물새의 장 세포 안에서 별다른 질병을 일으키지 않고 살아가는 바이러스로, 철새들은 계절이 바뀔 때마다 먼 곳으로 이동하면서 전 세계로 이 바이러스를 퍼뜨린다. 이러한 조류인플루엔자바이러스는 원래 인간을 감염시킬 수 없지만, 돌연변이를 일으키면 종간 장벽을 넘을 수 있다. 바이러스는 자신에게 맞는 수용체를 가진 세포에게만 달라붙는데, 예를 들어 조류와 포유류의 세포는 수용체가 달라 원래는 조류의 세포에 침입할 수 있는 바이러스가 포유류의 세포에는 들어갈 수 없다. 하지만 유전체를 복제하고 증식하는 과정이 되풀이되면서 변이를 일으키면 평소 맞지 않던 수용체에 우연히 들어맞는 경우가 생긴다.

돼지는 음식물 쓰레기를 먹을 정도로 이것저것 잘 먹는다. 그래서인지 세포 표면 수용체도 남다르다. 포유류임에도 폐 세포에 조류인플루엔자바이러스를 인식할 수 있는 수용체를 가지고 있다. 만일 돼지가 돼지인플루엔자와 조류인플루엔자에 동시에 감염되면 두 바이러스가 각각 자신의 유전체를 복제하는 과정에서 유전자 교환이 일어난다. 인플루엔자바이러스는 8조각으로 이루어져 있는데 새로 복제된 바이러스의 유전체가 7조각의 돼지인플루엔자바이러스와 1조각의 조류인플루엔자바이러스로 조합을 이루면 변종 인플루엔자바이러스가 탄생한다. 변종 바이러스는 대부분 정상적인 활동을 하지 못하지만, 일부 변종은 성공적으로 적응해 새로운 숙주세포에 침입할 수 있게 된다. 그렇게 재조합된 변종 인플루엔자바이러스는 사람을 감염시킬 수도 있다.

동물 인플루엔자바이러스들의 재조합으로 생긴 변종 바이러스에 사람이 감염되면 면역체계는 이 바이러스를 쫓아내려고 맹렬히

유전자 재조합이 일어나는 과정

돼지인플루엔자바이러스

조류인플루엔자바이러스

두 바이러스가 돼지의 세포에 동시 감염

인간을 감염시킬 수 있는
변종 바이러스가 생김

활동하기 시작한다. 원래 사람의 몸에 기생하던 바이러스가 아니어서 항체가 없으니 온 힘을 다해 변종 바이러스와 싸워 이겨야 한다. 그 과정에서 고열이 발생하고, 환자에 따라서는 면역물질인 사이토카인이 지나치게 분비되어 정상 세포를 공격하기도 한다. 이를 '사이토카인 폭풍'이라고 하며, 때로는 사망의 원인이 되기도 한다. 인플루엔자는 '사이토카인 폭풍을 일으킬 정도로 독한 감기'라는 의미에서 '독감'이라 부르기도 한다.

인플루엔자처럼 유전체가 분절형 RNA인 바이러스는 분절 하나를 다른 바이러스의 유전자로 바꿔 유전자 재조합이 일어나기 쉽다. 전체 염기가 3만 개인 유전체가 3분절로 나뉜 바이러스의 경우 하나의 분절을 갈아 끼우면 1만 개가 통째로 재조합되는 유전자 대변이가 일어난다.

가장 뛰어난 유전자 도둑

바이러스는 다른 바이러스의 유전자를 가져다 쓰기도 하지만, 숙주세포의 유전자를 가져오는 경우도 드물게 있다. 예를 들어 비교적 최근에 발견된 거대바이러스는 유전체를 분석한 결과 보유한 유전자 중 대부분이 숙주세포의 유전자를 가져온 것이었다. 거대바이러스가 숙주로 삼는 생물은 아주 다양하다. 포유류, 조류 같은 척추 동물을 비롯해 곤충, 식물, 아메바까지 거의 모든 진핵생물을 숙주로 삼는다.

그 때문인지 거대바이러스의 유전체를 구성하는 유전자는 다른 어떤 바이러스보다 풍부하다. 긴 진화 과정에서 수많은 숙주로부터 유전자를 가져왔으니 이 바이러스의 유전체에는 DNA 재료 합성, 전사, 단백질 껍질 제조, 숙주와의 상호작용에 관여하는 유전자들이 꽉 들어차 있다. '바이러스는 가장 뛰어난 유전자 도둑'이라는 말이 이해될 정도다.

이처럼 거대바이러스를 포함한 모든 바이러스는 주변 바이러스와 숙주세포로부터 유전자를 가져와 자신의 유전체 사이에 끼워 넣는 일을 늘 하고 있다. 그리고 이렇게 훔쳐 온 유전자를 다른 숙주세포의 DNA에 끼워 넣거나 다른 바이러스에 빼앗기면서 바이러스만이 아니라 생물 전체의 진화에 기여해 왔다.

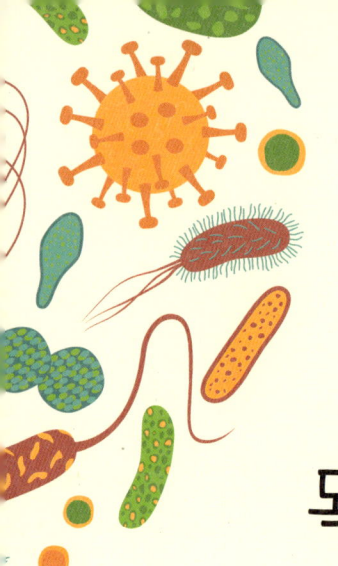

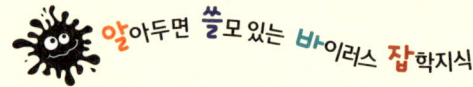

바이러스 연구에
목숨을 바친 사람들

남아메리카와 아프리카 지역에서 유행하는 감염병 중에 황열병이 있다. 황달과 고열을 일으킨다 해서 'Yellow fever'라는 이름이 붙었다. 황열병을 일으키는 미생물은 바이러스다. 전자현미경을 개발하기 전인 1930년대까지만 해도 사람들은 바이러스의 실체를 볼 수 없었기 때문에 황열병을 일으키는 병원균을 찾다가 자신도 모르게 바이러스에 감염되기도 했다.

처음에 사람들은 황열병이 사람을 거쳐 전염되는 질병이라고 생각했다. 이를 확인하기 위해 일부 과학자들은 황열병 환자가 쓰던 침대에서 환자의 피가 묻은 옷을 입고 자는 실험을 하기도 했다. 하지만 다른 전염병들과 달리 환자와 접촉하거나 그가 쓰던 물건을 사용했다고 해서 황열병에 걸리지는 않았다.

19세기 후반 쿠바에서는 황열병 유행으로 수많은 사람들이 죽어갔다. 쿠바의 의사였던 카를로스 핀라이는 오랜 시간 동안 황열병 환자들을 관찰한 끝에 이 병을 옮기는 주범을 모기로 의심했다. 그는 황열병 환자를 문 모기가 다른 사람을 물면 그 사람도 황열병에 감염된다는 가설을 세우고, 모기의 개체 수를 줄여야 한다고 주장했다. 하지만 그의 주장은 증거가 제대로 뒷받침되지 않아 인정받지 못한 채 묻히고 말았다.

1898년 쿠바에서는 미국과 스페인 사이에 전쟁이 벌어졌는데, 전사자보다 황열병으로 죽는 군인이 더 많자 결국 황열병퇴치위원회가 결성되어 원인을 추적했고, 20여 년 전 핀라이가 했던 주장인 '황열병의 원인은 모기'라는 가설이 다시 주목받았다. 그리고 이를 증명하기 위해 모기가 황열병 환자의 피를 빨게 한 뒤 다시 건강한 사람을 물게 하는 실험이 진행되었다. 오늘날에는 상상도 할 수 없는 위험한 생체실험이지만, 워낙 많은 군인이 죽어가는 전시 상황이라 이런 일이 용납되었다고 한다.

처음에는 군인과 연구자 중 11명이 실험에 지원했다. 이들은 황열병 환자의 피를 빤 모기에게 물렸고, 얼마 뒤 2명이 황열병에 걸렸다가 다행히 모두 회복되었다. 나머지 9명이 황열병에 걸리지 않았던 이유는 모기가 환자의 피를 빨고 나서 피험자를 물 때까지 시간 간격이 짧았기 때문으로 보인다. 당시에는 바이러스의 존재조차 몰랐으니, 모기의 몸속에서 바이러스가 충분히 증식하려면 시간이 걸린다는 사실을 그 누구도 고려하지 못했다. 이렇다 보니 실험 결과를 두고 '황열병의 원인은 모기가 아니다'라는 결론을 내릴 상황이 됐다.

그런데 황열병퇴치위원으로서 이 실험을 지켜보던 제시 러지어의 생각은 달랐다. 미국의 의사였던 러지어는 육군 군의관으로 쿠바에서 근무 중이었다. 그는 황열병의 원인이 모기가 옮기는 병원체라고 생각했기 때문에 모기를 방치해 수많은 군인이 죽어가는 상황을 더 이상 내버려 두고 싶지 않았다. 그래서 스스로 모기에 물려 이를 증명하기로 결심했다.

1900년 9월 13일 러지어는 모기에게 자신의 몸을 내주고 피를 빨도록 만들었다. 물론 이 모기는 황열병 환자의 피를 빤 모기였다. 불행히도 며칠 후 러지어에게 황열병 증상이 나타났고, 9월 25일 사망했다. 사망 전까지 러지어는 모기에 물린 뒤 황열병 증상이 나타나 죽음에 이르는 과정을 자세히 기록했고, 이 기록은 모기가 황열병을 옮기는 원인임을 밝히는 길을 열었다.

당시는 전자현미경이 나오기 전이라 황열병의 병원체가 바이러스임을 밝히지는 못했다. 하지만 러지어의 희생으로 모기가 황열병 전파의 원인임이 밝혀졌고, 황열병을 옮기는 이집트숲모기를 박멸하고 부대나 마을 주변에서 모기 유충이 살 만한 곳을 철저하게 관리하기 시작하면서 황열병 전파를 막을 수 있게 되었다. 실제로 이후 황열병 환자는 거의 나타나지 않았다.

황열병 유행은 가라앉았지만, 원인이 되는 병원체를 찾으려는 과학자들의 연구는 계속되었다. 이런 노력에도 불구하고 1935년 스탠리가 최초로 전자현미경을 사용해 바이러스를 관찰하기 전까지는 황열병의 원인이 바이러스일 줄은 상상하기 어려웠다. 세균보다 작은 병원체가 있다는 사실이 알려지기 시작했지만, 그것을 세균이 분비한 독소로 보는 과학자들도 많을 때였다. 당시 록펠러재단 소속 연구소에서 일하던 일본인 세균학자 노구치 히데오도 마찬가지였다. 그는 당연히 '황열병을 일으키는 원인은 특정한 세균'이라고 생각했다.

노구치가 황열병이 유행하는 에콰도르를 방문해 황열병의 원인균을 찾기 시작한 것은 1918년부터다. 노구치가 현지 의사로부터 받은 연구 자료는 황열병과 비슷한 증상을 보이는 다른 열병 환자의 것이었다. 그는 이 환자에게서 발견한 세균이 황열병의 원인이라 믿고 백신을 개발했다. 이 일로 처음에는 '인류의 구세주'라는 칭송까지 받았지만, 1920년대에 이르러 그의 연구에 의문이 제기되었다. 같은 록펠러재단의 아프리카연구소 연구원인 스파크가 원숭이를 이용한 감염 실험에서 황열병의 병원체는 세균여과기로 걸러지지 않았다고 주장한 것이다. 그리고 그 이유가 황열병의 원인이 세균이 아니라 바이러스 때문이라고 강조했다.

스파크의 주장을 확인하기 위해 노구치는 황열병이 유행하는 가나에서 황열병 환자의 혈액 등을 이용해 원숭이 감염 실험을 진행했다. 그런데 귀국을 며칠 남겨 둔 어느 날, 그는 갑작스러운 고열에 시달렸고 다음 날 황열병 진단을 받았다. 그리고 이후 열흘도 지나지 않아 51세의 나이로 생을 마감하고 말았다.

황열병으로 죽음에 이른 사람은 노구치만이 아니었다. 노구치를 아프리카로 불러들였던 스파크와 노구치의 연구조교도 모두 황열병으로 사망했다. 당시는 황열병 유행이 가라앉아 환자를 발견하기도 어려웠던 때였다. 그런데 원숭이 감염 실험에 참여한 과학자들이 모두 황열병으로 죽자 실험 과정에서 바이러스 감염이 일어난 것은 아닌지 의심할

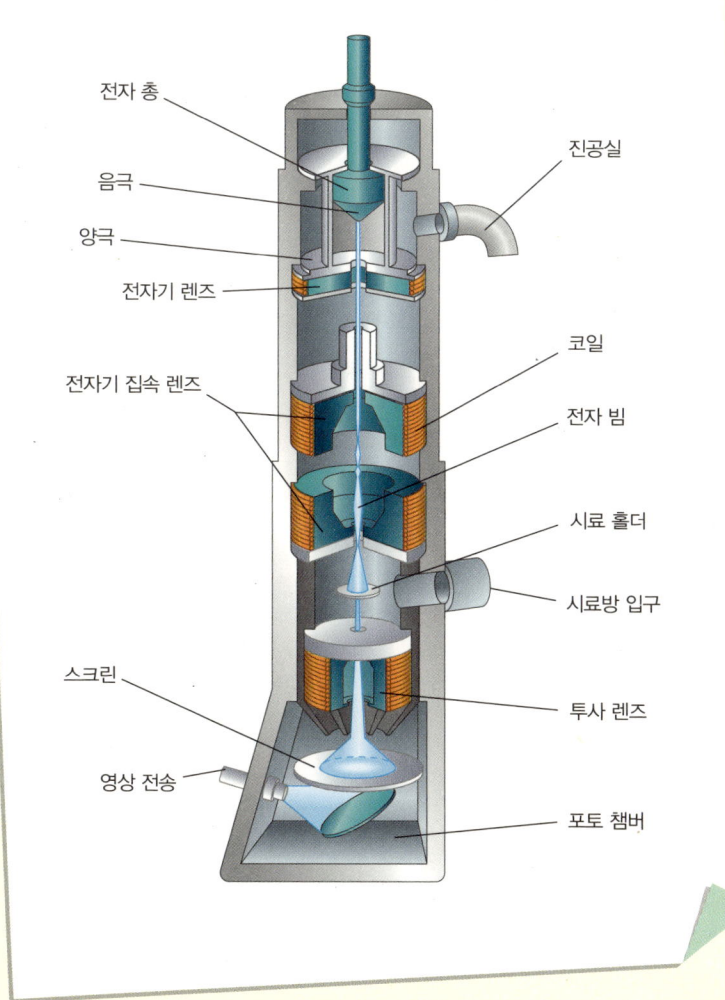

전자 총

진공실

음극

양극

전자기 렌즈

코일

전자 빔

전자기 집속 렌즈

시료 홀더

시료방 입구

스크린

투사 렌즈

영상 전송

포토 챔버

수밖에 없었다. 그때보다 실험 환경이 좋은 오늘날에도 바이러스 연구 중 감염되는 사례는 종종 있는데, 당시에는 바이러스의 존재조차 몰랐으니 더욱 부주의한 실수를 하기 쉬웠을 것이다. 어쨌든 여러 과학자의 헌신적인 희생 덕분에 1937년에 드디어 황열병 백신이 개발되었다.

백신 개발이라는 놀라운 업적으로 노벨 생리학상을 받은 의학자는 미국인 막스 타일러였다. 그는 노구치가 사망할 때쯤 이미 황열병의 병원체가 세균보다 작은 바이러스라고 확신하고 있었다. 이후 전자현미경의 개발로 바이러스를 관찰할 수 있게 되면서 그의 연구에는 속도가 붙기 시작했다. 그는 일단 황열병 환자로부터 바이러스를 분리해 유정란에 집어넣어 배양을 여러 번 반복하며 약독화시켰다. 그리고 이것을 사용해 황열병의 약독화 생백신을 만드는 데 성공했다.

타일러는 선배 의학자들의 희생과 전자현미경 개발이라는 행운을 배경으로 연구자로서 재능을 꽃피울 수 있었다. 그리고 인류는 희생, 재능, 영감이 어우러진 과학 성과 덕분에 수많은 사람의 목숨을 앗아간 황열병의 공포로부터 벗어날 수 있었다.

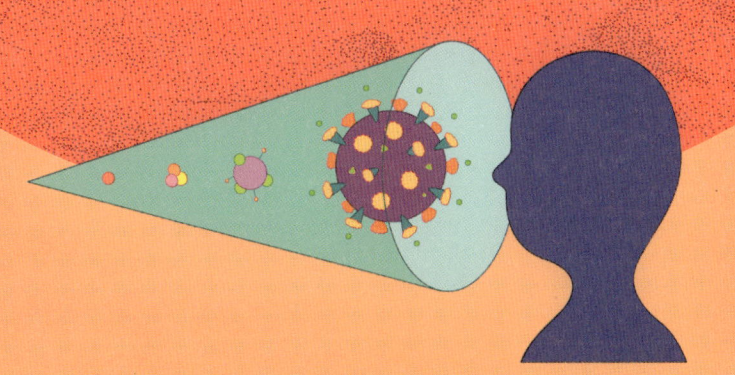

3장

생명 진화를 돕는 바이러스

바이러스는 생물이 아니다?

　최신 생물분류에 따르면 생물은 크게 세균, 고세균, 진핵생물로 나뉜다. 먼저 세균(박테리아)은 우리가 주변에서 흔히 관찰할 수 있는 원핵생물이다. 원핵생물은 대부분 하나의 세포로 이루어졌고, 원시적인 세포핵을 가지고 있다. 대장균, 폐렴구균, 유산균 등이 대표적이다. 고세균은 심해 열수층처럼 아주 뜨겁고 염분이 높으며, 심지어 유황이 펄펄 끓는 곳에서 살아간다. 고세균은 원핵생물이지만 유전체 분석상 진핵생물에 가까워 따로 하나의 영역을 차지하게 되었다. 마지막으로 진핵생물은 막으로 싸인 세포핵 안에 유전체를 가진 생물로, 다시 원생생물계, 균계, 식물계, 동물계로 나뉜다. 여기서 균계는 효모, 곰팡이, 버섯 등을 말한다.

그럼 바이러스는 이 세 가지 중에서 어디에 포함될까? 아쉽게도 바이러스는 생물분류 체계에서 어디에도 속하지 않는다. 생물이 지녀야 할 기본적인 특성을 아무것도 가지고 있지 않기 때문이다. 바이러스는 대사와 자기 복제를 스스로 할 수 없고, 자기 복제를 하려면 반드시 숙주세포 속으로 들어가 그 세포가 대사로 만들어 내는 물질을 빌려야만 한다. 다만, 최근에는 바이러스를 포함한 새로운 생물분류 체계가 제시되고 있기는 하다.

바이러스는 구조가 단순해 조건만 갖춰지면 대량 복제와 증식이 엄청나게 빠르게 진행된다. 10시간 정도면 수천에서 수만 개의 후손 바이러스들이 만들어질 정도다. 그런데 유전체가 대량으로 빨리 복제되는 만큼 실수도 많아서 복제 과정에서 돌연변이가 자주 나온다. 돌연변이는 대부분 환경에 적응하지 못해 사라지지만, 돌연변이가 오히려 기존 바이러스보다 환경에 더 잘 맞는 경우도 있다. 이런 경우 돌연변이 바이러스는 우점종이 되어 빠른 속도로 퍼져 간다. 코로나19 바이러스가 지역에 따라 알파형(영국발), 베타형(남아프리카공화국발), 감마형(브라질발), 델타형(인도발) 등으로 변이를 계속 일으킨 것이 그 예다.

바이러스가 안정적으로 복제되어 증식하려면 숙주가 건강하게 살아남는 편이 유리하다. 그래서인지 바이러스는 변이를 여러 번 거치면서 독성이 점점 약해지고 전파력은 커지는 경우가 많다. 스페인독감도 세계 인구의 3분의 1 정도를 감염시킨 뒤에 그 힘이 약해지면서 사라졌다.

거꾸로 살아가는 레트로바이러스

바이러스는 후손을 퍼뜨리기 위해 변이와 함께 '역전사'를 선택하기도 한다. 바이러스의 역전사를 이해하려면 우선 '전사'가 무엇인지를 정확히 알아야 한다.

전사란 DNA를 복사해서 RNA를 만드는 과정이다. 인체가 DNA에 기록된 유전정보에 따라 몸을 만들고, 상처를 회복하고, 면역시스템을 운영하려면 그때그때 필요한 단백질을 만들어야 한다. 하지만 이를 위해서 2미터짜리 DNA가 세포핵을 찢고 나와 단백질 공장인 리보솜에게 다가가지는 못한다. 이런 불상사를 막아 주는 것이 RNA다. RNA는 DNA에 기록된 생명활동 설계도 중에서 그때그때 필요한 부분만 베끼는데, 이를 '전사'라고 한다. RNA는 전사한 유전정보를 단백질 공장이자 3D 프린터라 할 수 있는 리보솜에 전달한다. RNA의 이런 역할이 메신저와 같다고 하여 mRNA(메신저RNA)라 한다.

mRNA가 전해 준 설계도를 받은 리보솜은 마치 프로그램에 새겨진 정보대로 제품을 만드는 3D 프린터처럼 유전정보에 맞는 단백질을 만들어 낸다. 피를 만드는 헤모글로빈일 수도 있고, 다양한 효소일 수도 있고, 피부·손톱·머리카락 등 신체기관을 만드는 단백질일 수도 있다. 이처럼 DNA에서 RNA, 단백질에 이르는 과정은 인간을 비롯한 모든 생명체가 다양한 세포를 만들며 생명활동을 하는 기본 원리다. 세포로 이루어진 생명체라면 누구나 따르는 원리이기 때문에 '생명의 중심원리' 혹은 '센트럴 도그마'라고도 한다.

생명의 중심원리에서 기본이 되는 과정은 DNA의 유전정보를 RNA가 베끼는 전사다. 그런데 일부 RNA 바이러스는 이 과정을 거꾸로 한다. 즉 자신의 유전체인 RNA를 바탕으로 DNA를 만들어낸다. RNA의 염기인 U(우라실)를 T(티민)로 바꾸어 DNA를 만드는 것이다. 이처럼 한 가닥인 RNA를 복제해서 이중 가닥인 DNA를 만드는 과정이 바로 '역전사'다. 그리고 'DNA→RNA' 과정을 뒤집어 'RNA→DNA' 과정을 따르는 바이러스를 '레트로바이러스'라 부른다. 이때의 '레트로(retro)'는 우리가 흔히 알고 있는 '복고풍'이 아니라 '거꾸로'를 뜻한다.

레트로바이러스는 세포 안으로 침입하면 자신의 유전체인 RNA에 기록된 유전정보를 바탕으로 DNA를 합성한다. 그리고 이 DNA를 숙주세포의 DNA 사이에 끼워 넣는 유전자 편집을 한다. 자신의 유전정보를 숙주의 유전정보 사이에 끼워 넣는 것은 레트로바이러스의 가장 큰 특징이다. 인간의 유전체 중 일부를 자르고 그 사이에

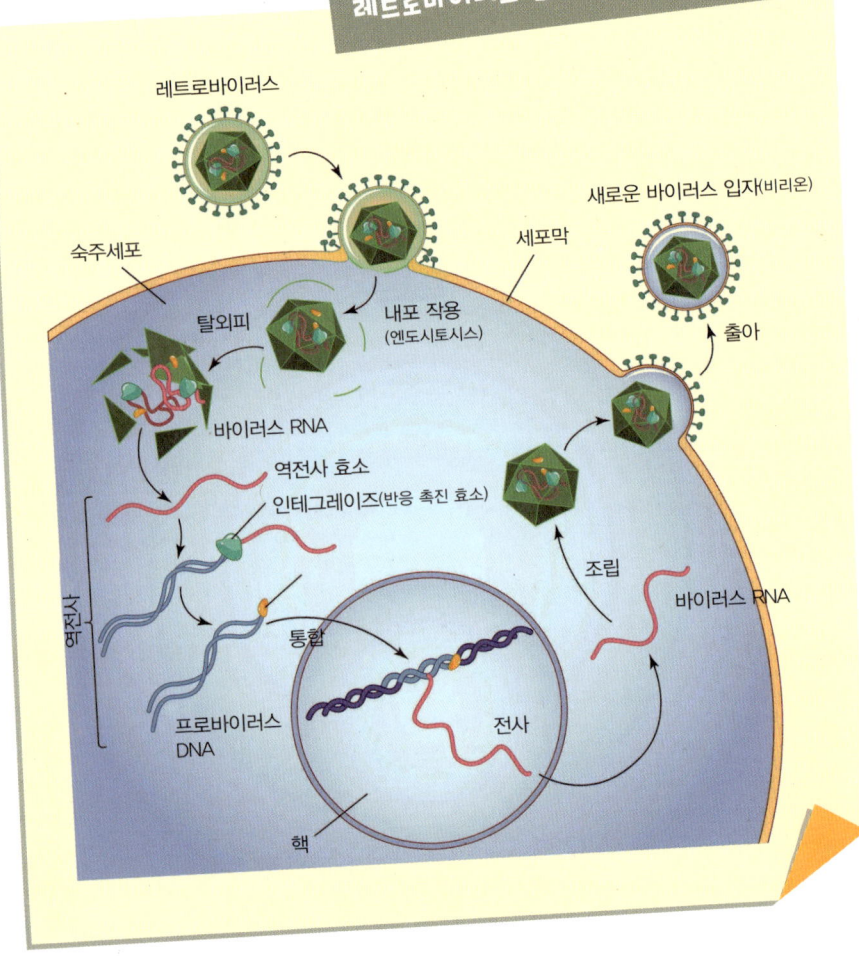

레트로바이러스

새로운 바이러스 입자(비리온)

숙주세포

세포막

탈외피

내포 작용
(엔도시토시스)

출아

바이러스 RNA

역전사 효소

인테그레이즈(반응 촉진 효소)

역전사

조립

바이러스 RNA

통합

프로바이러스
DNA

전사

핵

자신의 유전체를 끼워 넣는 일은 고난도의 일로, 첨단 기술인 유전자 가위 기술도 레트로바이러스만큼 신속하고 깔끔하게 유전자 편집을 하기는 어렵다. 인간의 DNA 입장에서는 갑자기 바이러스의 DNA 조각이 비집고 들어오니 거부반응을 일으킬 만도 하지만 바이러스의 DNA든 사람의 DNA든 모두 A, T, G, C로 이루어졌기 때문에 크게 개의치 않는다. 인간 유전체의 DNA 역시 스스로를 자르고 붙이는 유전자 편집을 거쳐 진화해 왔기 때문이다.

하지만 인간을 감염시킨 모든 레트로바이러스가 처음부터 인간의 DNA 안에 눌러앉지는 않았을 것이다. 레트로바이러스 역시 원래 이물질이었기 때문에, 역전사해서 갖다 붙인 자신의 유전체가 숙주세포의 DNA인 것처럼 착각하도록 만든 뒤 유전체를 대량 복제하고 증식해 숙주세포를 파괴하고 탈출하는 것이 그들의 목표였을 것이다. 하지만 점차 바이러스를 물리치고 항체를 가진 숙주가 늘어나면서 목표를 이루기가 쉽지 않았고, 이는 레트로바이러스에 감염되고도 살아남는 세포가 많아졌다는 뜻이기도 하다. 이런 경우 레트로바이러스는 차라리 숙주세포의 DNA 사이에 눌러앉는 방법을 택할 가능성이 크다. 그러면 항체와 싸우다 죽지 않고 숙주세포가 분열할 때마다 바이러스 유전체도 함께 복제되어 증식할 수 있기 때문이다. 만일 레트로바이러스가 정자나 난자 같은 생식세포의 DNA 사이에 끼어들어 눌러앉으면 다음 세대로 유전되어 새로운 숙주로 옮겨 갈 수도 있다.

이처럼 레트로바이러스는 인간의 DNA에 자신의 유전체를 끼워 넣어 인간 유전체의 염기서열을 바꾸어 놓는 대단한 바이러스다. 그래서 가끔 치명적인 질병을 일으키기도 하는데, 대표적인 예가 1983년에 발견된 HIV(인간면역결핍바이러스), 즉 에이즈바이러스다. HIV는 레트로바이러스이기 때문에 인간의 세포 속으로 들어가면 역전사를 통해 자신의 DNA를 인간의 DNA 사이에 끼워 넣고 한동안 조용히 지낸다. 그러다가 이 바이러스가 활동을 시작하면, 면역세포만을 골라서 파괴해 결국 숙주를 죽음으로 내몬다. 하지만 다행히도 HIV의 활동을 억제하는 약이 개발되어 있어서, 평생 HIV의 활동을 억제하는 약을 먹으며 관리하면 된다.

만일 부모의 생식세포가 HIV에 감염되면 아이에게도 HIV가 대물림될 수밖에 없다. 이처럼 태어날 때부터 부모로부터 물려받은 레트로바이러스를 '내인성 레트로바이러스'라고 부른다. 연구 결과에 따르면 인간 유전체의 8퍼센트 정도가 내인성 레트로바이러스에서 온 것이라고 한다.

진화의 원동력, 레트로바이러스

레트로바이러스는 인류의 오랜 역사와 함께해 오면서 많은 생명체를 숙주로 삼으며 그들의 DNA 사이에 끼어들기도 했다. 그 결과 생명체의 진화에 중요한 역할을 한 것으로 보인다.

어떤 생물이든 진화하려면 생명체의 근본적인 프로그램부터 새롭게 짜야 한다. 특히 진화는 생명체의 구조가 복잡해지고 몸집이 커지는 방향으로 일어나기 때문에 유전체 자체의 규모도 커질 수밖에 없다. 예를 들어 20억 년 전 원핵생물에서 진핵생물로 진화할 때의 DNA를 살펴보면, 중복되는 염기서열이 늘어나면서 유전체 자체의 염기서열이 복잡해지고 규모도 커졌다. 그 후 단세포생물에서 다세포생물로 진화하고, 무척추동물에서 척추동물이 될 때도 마찬가지였다. 이때 DNA 염기서열을 2배에서 4배, 8배, 16배로 늘려 가는 가장 효과적인 방법이 레트로바이러스를 이용하는 것이다.

주택 한 채와 최첨단 시설을 갖춘 초고층 빌딩의 설계도가 어떻게 다른지를 상상해 보라. 두 건물의 설계도는 문, 벽, 지붕, 기둥이 있다는 점만 빼고는 완전히 다를 것이다. 특히 초고층 빌딩의 경우 방 하나에도 여러 가지 첨단 기능을 갖춘 복잡한 설계가 추가되고, 이와 비슷한 방들이 수백 개에서 수천 개까지 반복된다. DNA 상에서 이런 복잡한 설계를 재빨리 수천 개씩 복사해서 붙일 수 있는 능력을 가진 것이 레트로바이러스다. 남의 DNA에 끼어들어 가 순식간에 자신의 유전체를 복제하고 증식하는 것이 이 바이러스의 본능이기 때문이다.

레트로바이러스는 다른 생물의 유전체 사이에 끼어들어 자신의 유전체를 끼워 놓고 복제하는 일을 반복해 숙주세포의 유전체 양을 기하급수적으로 늘리는 데 기여한다. 그리고 이 과정에서 새로운 염기서열이 생겨 돌연변이가 일어나 진화를 촉진한다.

인간의 선조 격인 원시 포유류는 지금으로부터 약 2억 5,000만~2억 2,500만 년 전에 중생대에 나타났다. 그때 지구상에는 공룡이 활보하며 어디서나 번성했다. 이 시기에 포유류는 커 봤자 10cm 정도여서 공룡을 피해 다니며 곤충 등을 잡아먹고 살았다. 그런데 어떤 이유 때문인지 6,500만 년 전쯤 공룡이 멸종되었고, 그들이 사라진 공간에서 포유류가 번성하기 시작했다. 포유류의 종류도 다양해져 하늘을 나는 박쥐에서 바닷속을 누비는 돌고래에 이르기까지 크기도 서식지도 다양해졌다.

이런 큰 변화를 일으키려면 그만큼 다양한 DNA 설계도가 필요한데, 마치 유전자 가위처럼 인간의 유전체 중 일부를 잘라내고 자신의 유전정보를 그 안에 끼워 넣는 방식으로 생물체의 프로그램을 조금씩 바꾸어나가는 일은 레트로바이러스가 제일 잘한다.

인간이 자녀를 낳을 때 배우자의 염색체 절반과 자신의 염색체 절반을 섞어 물려주는 것도 어찌 보면 대규모 유전자 편집이고, 인류는 이러한 과정을 거쳐 진화해 왔다. 그런데 이보다 더 획기적인 유전자 편집이 바이러스가 관여하는 유전자 재조합이다. 왜냐하면 모든 종류의 생물을 감염시키고 그때마다 숙주의 유전자를 쉽게 가져다 쓰는 바이러스의 특성 때문이다. 대부분의 바이러스는 유전자 도둑으로 불릴 정도로 숙주세포의 유전자를 한몫 챙긴 뒤 다른 숙주세포로 옮겨간다. 이것은 레트로바이러스도 마찬가지라 다양한 숙주의 유전자를 유전체 안에 지니게 된다. 만일 어떤 세포의 DNA에 레트로바이러스가 역전사한 DNA가 끼어들면 숙주세포의 입장에서는 완전히 새로운 여러 생물체의 유전자를 받아들이는 셈이 된다. 이것은 돌연변이를 일으켜 진화하기에 딱 좋은 조건을 만들어 준다.

포유류는 어류, 양서류, 파충류를 거쳐 진화해 왔다. 이 과정에서 가장 눈에 띄는 변화는 골격이나 피부 구조에서 일어났는데, 특히 물속에서 살던 어류가 땅 위로 올라와 살면서는 공기와 만난 피부가 건조해지는 현상을 견뎌야 했다. 그 뒤로 포유류는 육지에서 내내 생활하기 위해 피부 안쪽에 습기를 유지해줄 세포층을 만들어야 했다. 최근 연구에 따르면 피부 각질층에서 특이한 단백질이 발견되었는데, 천연 보습 성분을 만들도록 촉진하는 효소였다. 과학자들이 이 효소의 유전정보를 추적해 보니 고대에 감염된 레트로바이러스에서 온 것으로 확인되었다. 즉 포유류는 레트로바이러스가 첨가한 DNA 덕분에 피부 구조를 개조해 육지에서 살아갈 수 있게 된 것이다.

인류는 약 20만 년 전 지구에 출현한 것으로 보인다. 약 6,500만 년 전 공룡이 멸종당하는 큰 위기 이후에도 살아남은 포유류가 인류로 진화하기까지 지구 환경에는 수많은 변화가 있었을 것이다. 이에 적응하며 살아남으려면 생식세포의 유전정보를 바꾸어 좀 더 강인하고 똑똑한 후손을 남길 필요가 있었다. 이때 유전정보의 양을 늘리고 이것을 우연한 방법으로 새롭게 편집할 수 있게 도운 존재도 레트로바이러스였을 것으로 추정된다. 현재 인간 유전체의 약 45퍼센트가 바이러스에서 온 것으로 보이기 때문이다.

최근 연구에 따르면 레트로바이러스가 인간 진화에 지대한 역할을 한 흔적이 있는데, 태반을 만드는 유전자와 관련이 있다. 태반은 엄마의 몸속에서 태아를 키우는 일을 한다. 태아의 배꼽과 태반은 탯줄로 연결되어 있고, 태아는 이 탯줄을 통해 엄마로부터 영양분과 산소를 공급받는다. 그런데 태아의 입장에서 이것은 쉬운 일이 아니다. 왜냐하면 인간을 비롯한 모든 포유류의 몸은 자궁 속에서 자라는 태아를 이물질로 인식하기 때문이다. 인간의 경우도 자궁세포는 뇌세포가 아니기 때문에 자궁에 착상하려는 수정란이 자녀인지, 기생충·세균·바이러스 같은 이물질인지 구분하지 못한다.

따라서 오히려 수정란이 착상해 영양분을 가져가기 전에 미리 그 것을 막으려고 면역시스템이 작동한다. 특히 엄마의 혈액 속에 있는 백혈구는 몸에 들어온 이물질을 공격하듯 태아 세포를 잡아먹으려 할 것이다. 그뿐만 아니라 엄마와 태아의 혈액형이 다르다면 두 사람의 혈액이 엉기면서 응고되어 대참사가 일어나고 만다. 하지만 신기하게도 엄마의 혈액은 태아의 탯줄로 들어오지 못하고, 혈액 속 영양분과 산소만 탯줄을 통과해 태아에게 도달한다.

이는 태반에 있는 융모 덕분이다. 인간의 정자와 난자가 만나 수정란이 되면 자궁 내벽에 달라붙어 뿌리를 내리고, 이 지점에서 태반이 만들어지기 시작한다. 태반에서 중요한 부분은 수정란의 일부가 물질을 흡수하기 위해 변한 융모이다. 융모는 엄마의 혈액 안에 있는 영양분과 산소를 흡수해 태아에게 보내는 일을 한다. 융모 표면은 보호막으로 둘러싸여 있다. 보통 세포들 사이에는 틈이 있어 이 틈 사이로 혈액이 스며들 수 있다. 특히 혈액 속의 백혈구처럼 형태를 잘 바꾸는 세포는 젤리처럼 흐물흐물한 형태로 스며들어 세포에 침입하려는 적을 공격할 수 있다. 하지만 융모를 덮은 보호막에는 스며들지 못한다. 융모 보호막의 세포들이 치밀하게 서로 달라붙어 있어 그 사이로 혈액이 스며들 틈을 주지 않기 때문이다. 결국 태반 내 융모의 보호막이 바로 엄마의 백혈구가 태아를 공격하지 못하도록 차단해 주는 역할을 하는 것이다.

융모를 덮은 보호막이 이런 역할을 해낼 수 있는 이유는 신시티움(syncytium)이라는 특수한 세포로 이루어져 있기 때문이다. 신시티움 세포는 신사이틴 단백질로 이루어져 있다. 그런데 이 단백질을 만드는 신사이틴 유전자가 원래는 바이러스의 유전자였다는 사실이 최근 밝혀졌다. 즉 신사이틴 유전자는 원래 2,500만~3,000만 년 전쯤 포유류를 감염시킨 레트로바이러스의 유전자였다. 이 바이러스는 자신의 RNA를 역전사한 DNA를 포유류의 유전체 사이로 끼워 넣었는데, 그중에는 바이러스의 단백질 껍질을 둘러싼 막을 만드는 신사이틴 유전자도 있었다. 이 유전자가 다른 유전자들과 함께 진화해 포유류의 태반을 만든 것으로 보인다. 그러니까 우리는 모두 아주 오래전에 바이러스가 전해 준 유전자에 기대어 엄마 뱃속에서 생명을 지켜낼 수 있었던 것이다.

이외에도 자궁 벽의 세포에 작용해 수정란이 깊이 뿌리내리도록 도와주는 효소를 만든 것도 레트로바이러스에서 온 유전자라고 한다. 이 정도면 바이러스 없이는 포유류, 즉 인간의 탄생도 없었다고 여길 만하다. 그런데 레트로바이러스는 다른 생물들의 진화에만 도움을 주었을까? 사실은 바이러스의 진화에도 레트로바이러스가 큰 역할을 했다.

보통 생물체의 DNA 사이에 남아 있는 레트로바이러스 유전자는 고대 생물의 생식세포에 감염된 것이 후손에게 유전되어 온 것이다. 이는 원래 바이러스로서의 감염 기능이나 독성을 잃어버린 DNA 조각이다. 그런데 숙주세포에 새로운 레트로바이러스가 감염되면 고대 레트로바이러스가 남긴 DNA 조각과 결합하여 신종 바이러스를 만들 수도 있다.

예를 들어 1970년대 말에 나타난 에볼라바이러스의 유전체를 분석해 보면 염기서열의 일부분이 레트로바이러스와 일치한다. 만일 에볼라바이러스의 일부가 고대 레트로바이러스의 유전자로부터 온 것이라면, 어딘가 잠자고 있던 고대 바이러스가 새로운 바이러스와 유전자 재조합을 일으켜 에볼라바이러스가 되었다고 볼 수 있다. 최근의 동물 연구에서도 치명적인 질병을 일으키는 신종 RNA 바이러스에서 레트로바이러스의 염기서열이 발견되었다고 한다. 이처럼 잠자던 레트로바이러스가 기존의 바이러스가 가져온 유전자와 재조합을 일으켜 신종 바이러스를 만드는 과정을 바이러스의 진화로 볼 수 있다. 또 다른 연구에 따르면, 바이러스의 유전자 편집 능력은 병원체가 독성을 키워 살아남도록 도와주기도 한다. 예를 들어 콜레라균이나 황색포도상구균은 바이러스에 감염되면서 독소를 분비하는 유전자를 얻었다. 이처럼 바이러스는 동식물, 바이러스 자신은 물론 세균과 고세균의 DNA에까지 새로운 유전자를 끼워 넣으며 생명의 진화를 돕고 있다.

만일 바이러스와 생물체에서 똑같은 유전자 염기서열이 발견된다면 둘 사이에 유전자 이동이 있었다고 보아야 한다. 보통 유전자는 부모에게서 자식에게로 수직 이동한다고 알고 있지만, 바이러스와 세균 같은 미생물은 가까이 있는 다른 세균이나 바이러스와 유전자를 교환해 수평 이동한다. 바이러스에서 생물체로 유전자가 이동하거나 어떤 생물에서 바이러스로 유전자가 이동하는 과정에서 자연스럽게 돌연변이가 일어나고, 이것이 쌓이다 보면 완전히 새로운 종의 생물이 출현하게 된다. 그런 의미에서 여러 생물 종 사이를 건너다니며 유전자를 운반하고 끼워 넣는 바이러스야말로 최고의 유전자 편집자이자 생물 진화의 원동력이라고 볼 수 있다. 인류 역시 때로는 바이러스 감염 때문에 괴로워하지만, 그 바이러스로 인해 새로운 유전자를 얻어 더 좋은 방향으로 진화할지도 모른다.

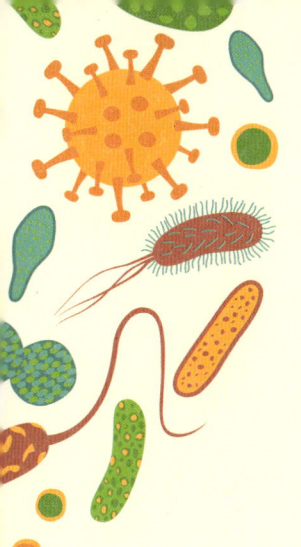

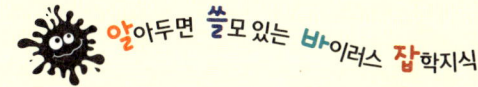

줄기세포를 만드는 바이러스

바이러스 하면 가장 먼저 감염성 질병이 떠오른다. 해마다 찬바람이 불면 찾아오는 인플루엔자, 장염을 일으키는 노로 바이러스, 평생 면역결핍을 일으키는 HIV, 몇 년마다 주기적으로 팬데믹을 일으키는 코로나바이러스의 변종들, 각종 암을 일으키는 바이러스에 이르기까지 우리를 괴롭히는 웬만한 질병은 모두 바이러스로부터 오는 것이 아닐까 하는 생각이 들 정도다.

하지만 바이러스는 생태계에 반드시 필요한 존재이다. 일단 바이러스는 수적인 면에서 지구상 어느 생명체보다 우세하다. 지구 어디서나 산다는 세균보다 훨씬 많다. 만일 지금 바닷물을 떠서 세균을 관찰하면, 하나의 세균에서 박테리오파지를 많게는 20개까지 발견할 수 있다. 바닷물 속의 세균은 파지가 특별히 좋아하는 숙주이기 때문이다.

바닷물에 사는 세균은 매일 40퍼센트 가까이 박테리오파지에 의해 파괴된다. 파지가 증식한 뒤 세균들을 파괴하면 세균 속의 물질들도 함께 터져 나와 다른 세균들의 영양분이 되어 준다. 플랑크톤의 일종인 바이러스와 세균 사이의 먹고 먹히는 관계는 바다 생태계를 유지한다. 박테리오파지가 죽인 세균이 다른 바다 생물들을 감염시키는 해로운 균일 경우에는 더더욱 긍정적인 작용을 하는 셈이다.

우리 몸에서 장은 하나의 생태계라고 볼 수 있다. 영양분이 흡수되고 노폐물이 배출되는 가운데 온갖 세균들이 살아가고 있기 때문이다. 그런데 이 생태계에서도 바이러스는 중요한 역할을 한다. 바닷속에서 그러하듯 박테리오파지가 매일 수많은 세균을 죽이며 장 속 생태계 유지에 도움을 주고 있다. 이처럼 바이러스는 우리가 건강을 유지하는 데 큰 역할을 하고 있다.

요즘은 바이러스가 유전자 치료에 쓰이면서 질병 치료에도 도움을 주려 한다. 2012년 야마나카 신야가 노벨상을 받은 건 바이러스 덕분이라고도 할 수 있다. 그에게 노벨 생리학상을 안겨준 유도만능줄기세포는 바이러스가 없었다면 세상에 나올 수 없었기 때문이다. 유도만능줄기세포란, 간단히 말하면 일반적인 체세포를 만능줄기세포로 바꾸어 놓은 것이다. 그런데 줄기세포가 얼마나 중요하기에 노벨상까지 받은 것일까?

줄기세포는 배아줄기세포와 성체줄기세포로 나뉜다. 배아줄기세포를 얻을 수 있는 배아는 우리 몸을 이루는 모든 세포의 공통 출발점이다. 정자와 난자가 만나 이루어진 수정란이 분열을 시작해 인체의 각 기관을 이루는 세포들로 나뉘기 직전까지를 배아라 한다. 배아는 마지막 단계에서 배반포(세포분열에 의해 만들어진 세포 덩어리)가 된다. 배반포에서 추출한 배아줄기세포는 우리 몸의 어떤 조직으로든 자랄 수 있는 능력을 가지고 있다.

성체줄기세포는 혈액, 뼈, 장기 등 특정 조직으로만 분화할 수 있는 줄기세포이다. 태반과 탯줄에서 얻을 수 있는 성체줄기세포인 제대혈줄기세포는 최근 백혈병에 큰 효과를 보이고 있다. 백혈병 환자들은 혈액을 만드는 조직인 골수를 이식해야 하는 경우가 많다. 하지만 모든 이식 수술이 그렇듯 적절한 기증자를 찾지 못해 죽어가는 경우 또한 많다. 이럴 때 제대혈줄기세포를 이식받으면 몸속에 들어간 줄기세포가 새로운 혈액을 만들기 시작해 치료에 큰 도움을 준다.

또 나이가 들거나 무리한 운동으로 무릎 연골이 상한 환자가 줄기세포를 이식받고 회복되는 경우도 있다. 이런 치료를 하는 병원에서는 치과에서 충치를 제거하듯 연골을 깨끗하게 걷어내고 무릎 골수에 구멍을 낸 뒤 줄기세포를 이식한다. 이식된 줄기세포가 정상적인 연골로 자라나 재활치료를 받은 환자는 다시 운동을 할 수 있게 된다.

배아줄기세포보다 성체줄기세포가 의료 현장에서 주로 쓰이는 데는 이유가 있다. 사실 치료 효과만 보면 분화 능력이 뛰어나 어떤 조직이든 될 수 있는 배아줄기세포가 더 낫다. 하지만 배아줄기세포를 얻기 위해서는 인간배아를 파괴해야 한다는 부담이 있다. 줄기세 포를 채취할 정도의 배아는 자궁에 착상해 태아로 자라기 직전의 상태이기 때문에 하나의 생명체나 다름없다. 비록 배아라 해도 한 사람으로 자랄 생명체를 파괴하고 그것으로 치 료를 받는 것은 꺼림칙한 일이다. 또 하나의 문제는, 치료에 쓰이는 배아줄기세포의 DNA 와 환자의 DNA가 다를 경우 이식 후 면역거부반응이 따른다는 점이다.

이런 문제점을 해결한 것이 야마나카 신야가 개발한 유도만능줄기세포이다. 이 줄기세 포는 자신의 체세포를 유도해 만들기 때문에 배아를 파괴하는 비윤리적인 과정이 필요 없 고, 본인의 세포로 만든 것이라 면역거부반응을 일으킬 염려도 없다.

유도만능줄기세포를 만들기 전, 야마나카는 배아줄기세포의 DNA에서 특정 유전자를 찾는 연구를 하고 있었다. 그는 줄기세포가 일반 세포와 달리 몸의 여러 조직으로 분화할 수 있는 것은 특정 유전자가 발현되기 때문이라고 믿었다. 즉 줄기세포는 어떤 세포로든 변신 가능한 초기 상태를 만드는 '초기화 인자'가 있을 것이라고 생각했다. 그리고 수많은 시도 끝에 드디어 그런 역할을 하는 4가지 유전자를 찾아냈다.

야마나카는 이 유전자들의 능력을 확인하기 위해 성인의 피부 세포나 혈액 세포의 DNA에 끼워 넣기로 했다. 만일 이런 유전자 편집을 거친 뒤 피부 세포나 혈액 세포가 줄 기세포로 바뀐다면 이 유전자들은 초기화 인자가 분명했다. 그리고 이 초기화 인자를 다 룰 수 있게 되면 쉽게 구할 수 있는 체세포로 귀한 배아줄기세포를 만들어 많은 난치병 환 자들을 치료하게 될 것이다.

문제는 세포핵 속에 숨어 있는 DNA까지 초기화 인자를 운반해 깔끔하게 끼워 넣는 과 정이었다. 방법을 고민하던 야마나카의 눈에 들어온 것이 바이러스벡터였다. 바이러스벡 터는 간단히 말하면 '바이러스 운반자'로서 주로 레트로바이러스의 특징을 이용한다. 레 트로바이러스는 숙주세포에 감염된 뒤 자신의 유전체를 숙주의 DNA 속으로 끼워 넣는 특성이 있다. 따라서 이 바이러스의 유전체에 초기화 인자로 쓰일 유전자를 집어넣어 체세포를 감염시키면 초기화 인자가 체세포의 DNA 사이로 들어갈 수 있다. 그리고 이렇게 들어간 초기화 인자가 작용하면 체세포는 배아줄기세포로 바뀐다. 2007년에 야마나카는 초기화 인자로 쓰일 4개의 유전자를 바이러스벡터에 실어 인간의 피부 세포 안으로 집어넣었고, 이 세포들을 만능줄기세포로 유도하는 데 성공했다. 이로써 이제는 더 이상 배아를 파괴하지 않아도 배아줄기세포와 같은 만능줄기세포를 얻을 수 있게 되었다. 그리고 다른 사람의 배아가 아닌 자신의 체세포에서 만능줄기세포를 유도해냄으로써 면역거부반응을 피할 수 있게 되었다.

야마나카가 인공적으로 유도해서 만든 배아줄기세포는 우리 몸의 거의 모든 세포로 분화될 수 있기 때문에 유도만능줄기세포라고 한다. 현재 레트로바이러스로 만든 유도만능줄기세포가 종양을 만들 위험은 없는지 검증 중이다. 그리고 이 실험에서 힌트를 얻어 다른 벡터를 사용해 유도만능줄기세포를 만드는 방법도 시도하고 있다.

이처럼 인류는 바이러스벡터 덕분에 체세포를 초기화해 만능줄기세포로 바꾸는 길에 들어서게 되었다. 이 말은, 나의 체세포가 몇 개만 있어도 수많은 배아줄기세포를 배양해 여러 신체 조직을 만들 수 있다는 뜻이다. 만일 신체의 어떤 부위든 줄기세포 주사를 맞아 늙고 병들지 않게 관리할 수 있는 때가 온다면 인류가 그날을 맞이하도록 도와준 바이러스벡터에게 고마워해야 할 것이다.

4장

바이러스와
공생하는 법

세포를 속이고 침입하다 🦠

　　바이러스는 평소에는 소금이나 광석의 결정처럼 무생물 상태로 지내지만 살아 있는 세포 안으로 들어가면 놀라운 생명력을 갖는다. 그런데 바이러스의 입장에서 보면 이 일이 그다지 쉽지만은 않다. 숙주의 몸 밖에서 조용히 지내다가 새로운 숙주세포에 침입하려면 수많은 장벽을 넘어야 하기 때문이다. 그나마 감염자의 기침이나 재채기를 통해 비말로 전파되는 것이 새로운 숙주세포에 접근하는 가장 쉬운 길이다. 사람을 숙주로 삼는 바이러스들이 대부분 감염자의 기침이나 배설물을 타고 번지는 이유도 그 때문이다.

　　어찌어찌해서 일단 숙주세포에 다가갔다 해도 그 속으로 들어가기가 어려운 건 마찬가지다. 침입보다는 잠입이란 말이 어울릴 정도로 숨어 들어가야 한다. 주변에 여러 종류의 면역세포가 돌아다니며 바이러스를 노리고 있기 때문이다.

사람의 피부 세포는 너무 튼튼해서 바이러스는 이곳을 공략하지 않는다. 조금 수고스럽지만 코나 목속으로 들어가 연약하고 말랑말랑한 표피세포에 이물질이 아닌 척하고 접근한다. 바이러스를 둘러싼 막이 이전 숙주세포에서 탈출할 때 가지고 나온 것이기 때문에 바이러스와 새로운 숙주세포의 막은 서로 잘 들러붙는다.

이렇게 숙주세포에 들러붙은 바이러스는 세포표면수용체라는 자물쇠에 자신의 단백질 돌기를 열쇠처럼 들이민다. 세포표면수용체는 세포 바깥에 있는 분자를 끌어들여 세포 내에서 여러 가지 반응을 일으키는 일을 하는데, 바이러스가 수용체에 맞는 열쇠를 들이밀면 자신이 끌어들여야 할 물질로 착각하고 꿀꺽 삼켜버린다.

면역으로 바이러스를 물리치다

바이러스가 숙주세포 안으로 들어가는 데 성공하더라도 숙주를 바이러스 공장으로 만들어 자신의 유전체를 복제하고 증식하는 일 또한 쉽지 않다. 숙주의 몸속으로 침입한 바이러스의 양이 적으면 감염을 일으키기도 전에 면역계가 보낸 경찰에게 체포당하고 만다.

가장 먼저 출동하는 면역 경찰은 바이러스를 잡아먹는 대식세포나 호중구이다. 이들은 백혈구의 일종으로, 대부분의 바이러스는 이들에게 잡아먹힌다. 하지만 바이러스의 양이 많거나 숙주의 면역 상태가 좋지 못하면 잡아먹히기 전에 재빨리 숙주세포 안으로 숨어버리는 바이러스들이 생긴다. 만일 이 정도에서 면역계의 감시가 그친다면 우리 몸은 수많은 바이러스에 쉴 새 없이 감염되어 고통 속에 살아갈 것이다. 하지만 우리 몸의 면역계도 바이러스만큼 끈질기다. 호중구에 이어서 출동하는 면역 경찰은 바이러스에 이미 감염된 세포를 찾아내는 T세포이다. 세포 표면에 바이러스가 들러붙으면 모양이 변하는데, T세포는 이런 변화를 재빨리 감지해 출동한다. 더 많은 세포 속으로 바이러스가 침입하기 전에 처치하기 위해서다.

T세포는 바이러스 처치 작전을 펼치기 전에 킬러와 헬퍼라는 두 개의 팀을 나누어 꾸린다. 킬러T세포는 바이러스에 감염된 세포를 직접 공격해 잡아먹는다. 한편, 헬퍼T세포는 사이토카인이라는 물질을 방출해 우리 몸의 면역 활동을 자극하고, B세포가 항체를 생산하도록 유도한다. 사이토카인이 방출되면 혈관을 감싸는 세포들 사이에 틈이 벌어져 혈액 속 물질이 혈관 밖으로 빠져나가기 쉬워진다. 그러면 백혈구나 살균 작용을 하는 단백질이 혈관벽을 지나 바이러스가 침투한 조직으로 쉽게 이동할 수 있게 된다.

이때 눈으로 보면 조직이 빨갛게 붓고 열이 나는데, 이것을 염증 반응이라 한다. 사이토카인이 혈액을 타고 돌아다니다가 뇌에 이르면 체온 중추가 이를 감지해 체온을 올리고 열이 나도록 만든다. 체온이 오르면 바이러스 증식을 억제하는 면역 활동이 활발해지고, 대부분의 바이러스는 열에 약하기 때문에 살 수 없게 된다. 한편, 목이나 코의 점막은 점액 분비량을 늘려 점막의 세포 속으로 침입하려는 바이러스를 몸 밖으로 밀어낸다. 인플루엔자바이러스나 코로나바이러스에 감염되면 열이 나고 콧물이 줄줄 흐르는 것도 이런 면역 작용의 하나다.

바이러스를 향한 공격은 T세포에서 끝나지 않는다. T세포의 공격에 이어 등장하는 것이 B세포이다. B세포는 세포 안에 숨어 있는 바이러스를 잡아내고, 나중에 이 바이러스가 다시 침입할 때를 대비해 몽타주를 남긴다. 몽타주를 남겨두는 일을 '항원제시'라 하는데, 이것은 나중에 같은 바이러스가 몸 안으로 들어오면 세포에 들러붙기 전에 몽타주와 비교해 알아보고 제압하기 위한 조치이다. B세포 외에 대식세포도 자신이 처치한 바이러스의 단백질 조각을 범인의 몽타주처럼 표면에 달아놓음으로써 항원제시를 한다. 주변 면역세포들이 이 몽타주를 건네받아 항원을 지닌 물질이나 세포를 공격하도록 만들기 위해서다.

면역세포의 활동을 좀 더 자세히 알아보기 전에 정리해두면 좋은 용어가 있다. 바로 항원과 항체이다.

항원은 생명체의 외부에서 들어온 이물질로, 면역반응을 유도한다. 우리 몸의 면역계는 주로 세균이나 바이러스의 단백질 성분을 항원으로 여긴다. 항체는 외부에서 들어온 항원에 면역계가 반응한 뒤 생성되는 단백질로, B세포에서 만들어진다. 하나의 B세포가 만드는 항체는 오직 하나의 항원만 인식할 수 있다. 항체는 항원으로 감지된 세균이나 바이러스의 활동을 막고, 백혈구가 이들을 쉽게 발견해 잡아먹도록 도와준다. 또 침입한 세균이나 바이러스를 기억했다가 다음 침입 때 빠르게 발견해서 공격한다. 바이러스 감염에서 회복되었거나 백신을 맞아 항체가 생성되면 바이러스가 몸에 들어와도 병에 걸리지 않거나 가벼운 증상만 앓고 지나가는 것도 이 때문이다. 면역이 생긴 것이다.

보통 바이러스가 세포 안으로 들어간 뒤 잠시 모습이 사라지는 시기가 있다. 이것은 바이러스가 자신의 유전체인 DNA나 RNA를 숙주세포 안으로 들여보내기 위해 유전체를 둘러싼 단백질 껍질을 부수고 흩트리면서 일어나는 일이다. 바이러스의 껍질이 흩어지고, 유전체가 그 밖으로 풀려나면 바이러스가 잠시 사라진 것처럼 보인다. 이때 일부 바이러스들은 자신의 유전체를 숙주의 유전체 사이에 끼워 넣은 채 조용히 잠복한다.

이런 잠복감염 상태에서는 세포가 분열하여 그 수를 늘려 갈 때

바이러스의 유전체도 같이 복제되어 수를 늘리며 증식한다. 잠복감염은 감염시킨 세포 내에서 폭발적으로 증식하는 방식보다 증식 속도는 느리다. 하지만 면역계의 공격을 피할 수 있기 때문에 힘이 약해진 바이러스의 경우에는 나름대로 생존 수단이 될 수 있다.

그런데 대부분의 바이러스는 세포 안에 자신의 유전체를 풀어놓은 뒤 대량으로 복제해 증식하는 방법을 택한다. 이 경우에는 세포 속에서 바이러스가 엄청나게 빠른 속도로 증식하고 있다는 것을 감지한 면역세포들의 공격을 피할 수 없다. 면역세포 중 B세포의 주요 기능은 바이러스를 효과적으로 공격할 항체를 만드는 것이다. 항체는 세포 안에 숨어 있는 바이러스까지 찾아내 죽인다. 그리고 일부 항체는 한번 들어왔던 바이러스를 다음에 재빨리 찾아내도록 항원을 제시할 수 있는 기억세포로 바뀐다.

B세포가 만드는 항체 중에서 바이러스를 무력화(중화)시키는 항체를 특별히 '중화항체'라고 부른다. 중화항체는 바이러스의 표면을 덮어 세포표면수용체에 들러붙지 못하게 만든다. 바이러스가 세포에 들러붙어 침입하지 못하도록 방해하는 것이다. 그 외에 다른 면역세포들을 자극해 바이러스를 파괴하도록 돕는 항체도 있다.

백신의 발명 🦠

백신은 인공적으로 항체를 만들어 주는 약이다. 즉 세균이나 바이러스에 감염되어 병에 걸리기 전에 미리 몸에 면역이 생기도록 하는 것이다.

백신의 역사는 오래전으로 거슬러 올라간다. 중앙아시아를 중심으로 시베리아 지역에 퍼져 살던 고대 투르크인들은 천연두를 예방하기 위해 오늘날 백신의 원리와 비슷한 방법을 사용했다고 한다. 이미 천연두에 걸린 환자들 중 증상이 가벼운 사람의 상처에서 얻은 고름이나 딱지를 건강한 사람의 몸에 접촉해 천연두를 예방한 것이다. 이런 민간요법은 중국과 인도로 전해졌고, 중국에서는 천연두 환자의 상처에서 얻은 딱지를 곱게 빻아 코로 들이마시는 방법을 쓰기도 했다.

18세기에는 천연두 환자의 고름을 건강한 사람에게 접종해 예방하는 인두법이 영국 왕실에까지 알려졌다. 1721년 영국의 왕 조지 1세는 왕가의 아이들을 천연두로부터 지키기 위해 인두법을 써야겠다고 마음먹었다. 사실 그는 처음에는 인두법이 위험하다고 반대했지만, 며느리인 카롤리네 왕세자비가 적극적으로 나서자 설득당하고 말았다.

카롤리네가 외국에서 들어온 인두법이 천연두 예방에 효과적이라는 사실을 안 건은 평소 친하게 지내던 레이디 메리를 통해서였다. 레이디 메리는 외국에서 배워 온 인두법을 아이들에게 직접 시술해 효과를 보았는데, 이를 확인한 카롤리네가 다섯 명의 자녀를 천연두로부터 지키고 싶은 마음에 인두법을 보급하고자 적극적으로 왕을 설득한 것이다. 천연두는 걸리더라도 살아남기만 하면 다시는 걸리지 않는 병이었기 때문에 약하게 앓고 지나가면 되었고, 인두법은 그것을 가능하게 하는 방법으로 알려져 있었다.

왕은 고민 끝에 우선 죄수들을 상대로 임상시험을 해 보기로 하고, 사형수들에게 죽음 대신 인두법 접종을 선택할 기회를 주었다. 지원한 사형수는 모두 여섯 명이었다. 이들은 팔다리에 상처를 내고 그 상처에 천연두 환자의 고름과 딱지를 바르는 고통을 견뎠다. 잠복기가 지난 후 모두 천연두 증상을 보였지만, 결국 나아 석방될 수 있었다. 역사상 최초의 백신 임상시험에 참여했던 여섯 사람은 죽을 뻔한 목숨을 구한 데다 평생 천연두에 걸리지 않을 항체까지 얻었으니 행운아 중의 행운아였던 것이다.

이후 1722년 왕세자 부부는 두 딸에게 인두법을 접종해 사람들에게 예방접종의 필요성을 널리 알렸다. 하지만 인두법은 접종자가 실제로 천연두를 심하게 앓고 사망할 확률이 2퍼센트나 되는 위험한 방법이어서 널리 보급되기에는 한계가 있었다.

이후 반 세기 정도 시간이 흘러 영국에 에드워드 제너가 등장하면서 인두법의 한계를 극복할 새로운 예방법이 나타날 조짐이 보였다. 1790년대 후반, 내과의사였던 제너는 그동안 연구해 온 천연두 예방법과 관련한 논문을 발표했다. 우두법에 관한 것이었다.

제너는 천연두를 연구하다가 소의 천연두인 우두에 관심을 가지게 되었다. 우두는 종종 사람에게 옮기도 했는데, 제너가 관찰해 보니 목장에서 소젖을 짜다가 우두에 옮은 사람은 손발에 붉은 발진만 생길 뿐 곧 나았고, 대부분 그 후로는 천연두에 걸리지 않았다. 혹시 걸리더라도 약하게 앓다가 금방 회복되었다. 그는 이 모습을 보고 우두 접종으로 천연두를 예방하는 방법을 생각해 냈다.

1796년 제너는 정원사의 여덟 살 난 아들 제임스 핍스의 팔에 가볍게 상처를 낸 후 상처에 우두 환자의 고름을 문질렀다. 며칠 후 제임스는 약간 아팠지만, 일주일 후에는 완전히 회복되었다. 이후 제너는 이 소년에게 천연두를 주사했는데, 예상은 빗나가지 않았다. 핍스는 천연두를 주사한 부위에만 발진이 약간 생겼을 뿐, 그마저도 며칠 지나 깨끗이 나았다.

제너는 이후 스무 명이 넘는 사람들에게 우두를 접종하고 관찰했으며, 그 연구 결과를 논문으로 발표하여 우두법이 시행될 수 있는 길을 열었다. 제너의 우두법은 이후 '백신(vaccine)'이라는 명칭에도 영향을 주었는데, 백신은 라틴어로 '암소'를 뜻하는 '바카(vacca)'에서 온 말이기 때문이다.

생백신과 사백신 🟢

제너가 우두에 걸린 사람의 고름으로 만든 백신은 대표적인 생백신이다. 생백신은 살아 있는 바이러스나 세균을 아주 낮은 농도로 희석해 독성을 약하게 만든(약독화) 백신이다. 약독화한 바이러스를 직접 사용했기 때문에 효과는 크지만, 살아 있는 세균이나 바이러스로 만드는 것이라 연구하는 사람이나 접종받는 사람이나 감수해야 할 위험도 크다. 예를 들어 소아마비를 예방하려고 살아 있는 폴리오바이러스를 약독화한 백신주사를 맞았다가 소아마비 증상을 보이는 아이들도 드물지만 있다.

이러한 생백신의 위험성에 대비해 발명된 것이 사백신이다. 사백신은 '불활성화 백신'이라고도 한다. 이 백신은 죽은 바이러스를 몸속에 주입해도 면역반응이 일어난다는 이론을 바탕으로 만들어졌다. 죽은 바이러스도 우리 몸의 입장에서는 이물질이기 때문에 면역세포들은 이를 잡아먹고 항체를 만들어 낼 수 있다.

사백신은 바이러스를 포르말린 같은 화학약품으로 처리한 뒤 만들어진다. 포르말린은 바이러스 내부에 있는 유전체를 파괴하고 단백질 껍질만 남겨놓는다. 유전체가 파괴되었기 때문에 바이러스의 사체로 만든 것이나 마찬가지인 사백신은 생백신과 달리 접종자의 몸속에서 자기복제를 하지 않는다. 따라서 생백신보다 면역세포를 덜 자극하므로 두 번 이상 접종해야 효과를 볼 수 있다.

사백신 개발에는 그다지 고도의 기술이 필요하지 않지만, 대규모 바이러스 배양 설비와 이를 가공하기 위한 안전 설비를 갖춰야 한다는 단점이 있다. 바이러스는 살아 있는 세포에서 자라기 때문에 한꺼번에 대량으로 바이러스를 키우기 위해 어마어마하게 많은 유정란을 확보하거나 이와 비슷한 다른 대규모 설비를 마련해야 한다. 재조합 단백질 백신이나 유전자 기반 백신에 비하면 시간과 비용이 많이 들고, 제조 과정이 다소 위험하다.

재조합 단백질 백신

코로나바이러스 같은 바이러스류는 껍질 표면을 둘러싼 막(엔벨로프)에 스파이크(돌기) 단백질이 오돌토돌 튀어나와 있다. 스파이크 단백질이 세포표면수용체라는 자물쇠를 열고 들어가는 열쇠 역할을 한다. 우리 몸의 면역계는 몸 안으로 이런 스파이크 단백질 조각만 들어와도 이물질로 감지하고 면역세포를 출동시켜, 항체를 만든다.

따라서 스파이크 단백질로 백신을 만들면 실제 바이러스가 아니기 때문에 감염될 위험이 없다. 백신을 만들기 위해 바이러스를 배양하는 대신, 스파이크 단백질을 만드는 유전자를 배양세포 속에 넣어 이 단백질만 대량으로 생산하면 된다. 단, 바이러스의 껍질 중 일부만 사용하기 때문에 면역계를 자극하는 정도가 약해 항체 생성이 제대로 안 될 수 있으므로 '면역증강제'를 섞어 백신을 만든다. 보통 B형 간염 백신을 이 방법으로 만든다.

유전자 기반 백신

생명공학이 발달하면서 백신 개발자들은 새로운 아이디어를 떠올렸다. 바이러스의 스파이크 단백질을 외부에서 배양해 몸속으로 넣어주는 대신, 스파이크 단백질을 만들도록 명령하는 유전자를 주입하는 방법이다. 즉 바이러스의 단백질 조각을 만들도록 명령하는 유전자를 항원으로 사용하는 백신 개발을 생각한 것이다.

유전자를 활용하는 백신은 크게 DNA 백신과 RNA 백신으로 나뉜다. 앞에서도 이야기했듯이 DNA와 RNA의 역할은 다르다. DNA는 유전정보를 저장하고, RNA는 유전정보를 단백질 공장인 리보솜에게 전달해 단백질을 만들도록 명령한다. 따라서 DNA 백신에 쓰이는 DNA는 접종자의 세포핵 속에 들어가야 작용한다. 즉 이 DNA가 접종자의 세포핵 속에 들어가면, 세포질로 RNA를 보내 이것으로 하여금 바이러스의 단백질 조각을 만들게 한다. 한편,

RNA 백신에 쓰이는 RNA는 세포핵에 들어갈 필요 없이 접종자의 세포질에서 바로 작용한다. 이 RNA가 리보솜에게 단백질 합성 명령을 내리면 바이러스의 단백질 조각이 만들어지면서 면역세포를 자극한다. 자극을 받은 면역세포는 바이러스의 단백질에 대한 항체를 만들어, 이후에 진짜 바이러스가 몸 안으로 들어오면 가볍게 물리친다.

코로나19 바이러스 백신은 대부분 RNA 백신이다. 코로나19 바이러스의 유전자 가운데 스파이크 단백질을 만드는 유전정보를 담은 mRNA를 백신으로 만든 것이다. 이 mRNA를 지질로 된 작은 주머니에 감싸 접종하면, mRNA는 근육 세포 속으로 들어가 스파이크 단백질이라는 바이러스 조각을 만들어낸다. 그러면 이물질이 침입했다고 판단한 면역세포가 출동해 항체를 만들어낸다.

인류 역사상 바이러스의 유전자를 직접 체내에 주입하는 방식으로 만든 백신은 코로나19 바이러스 백신이 최초다. 바이러스 본체가 아니라 껍질을 만들게 하는 유전정보이지만, 인체에 바이러스의 유전자를 주입하는 방식이다 보니 발표 당시에는 많은 사람의 공포심을 자극했다. 백신 접종을 반대하거나 거부하는 움직임이 일기도 했다. 제너가 처음 우두법을 제안했을 때 많은 사람이 이 주사를 맞고 소가 되지 않을까 두려워했다는 이야기가 떠오를 정도였다.

백신으로 주입된 mRNA는 세포질에서 작용한다. 사람의 DNA

는 세포핵 속에 있기 때문에 바이러스 유전자가 접종자의 DNA를 건드릴 수는 없다. 물론 수많은 레트로바이러스들이 자신의 RNA를 역전사해 숙주세포의 DNA 사이에 끼어들기도 하지만, 역전사효소를 만들 수 있는 바이러스만이 그 일을 할 수 있다. 백신에는 이런 역전사효소가 없으므로 안심해도 된다.

RNA 백신의 단점은 보관이 어렵다는 점이다. 두 가닥 DNA보다 부서지기 쉬운 한 가닥 RNA를 넣어 만들기 때문에, RNA가 파괴되지 않도록 극저온 상태에서 얼려 보관해야 한다. 제약회사 화이자에서 개발한 코로나19 백신은 영하 70도 정도에서 보관한다.

한편, DNA 백신에 쓰이는 DNA는 두 가닥으로 이루어져 있기 때문에 한 가닥인 RNA보다 훨씬 안정적이다. 일반 냉장온도인 2~8도에서 보관하기 때문에 생산과 유통이 상대적으로 쉽다는 장점이 있다. 단점은, 백신에 포함된 DNA가 접종자의 세포핵 속으로 들어가기가 쉽지 않다는 점이다. 이 때문에 DNA 백신은 3회 접종을 하거나 피부에 넓게 분사하는 주사 방법을 쓴다.

백신에 들어간 바이러스의 유전정보를 접종자의 세포 속으로 빠르고 확실하게 전달하는 방법이 있다. 바로 바이러스를 벡터(운반체)로 이용하는 것이다. 이를 바이러스벡터 백신이라 하며, 주로 사람을 감염시키지 않는 바이러스를 벡터로 쓴다. 예를 들어 아스트라제네카라는 회사가 개발한 코로나19 백신은 침팬지를 감염시키는 아데노바이러스를 벡터로 사용했다. 유전자 편집 기술로 아데노바이러스의 DNA에서 복제와 증식에 관여하는 부분을 잘라내고, 코로나19 바이러스의 스파이크 단백질을 만드는 유전자를 붙였다. 이렇게 새로운 DNA를 가진 아데노바이러스가 백신 형태로 주입되면 바이러스 특성상 세포 속으로 재빨리 침입해 자신의 DNA를 풀어놓고, 이 DNA는 코로나19 바이러스의 스파이크 단백질을 만들어낸다. 한편, 에볼라 백신도 이와 비슷한 원리를 이용한 바이러스벡터 백신이다.

코로나19를 극복하기 위해 유전자 백신이 인류 역사상 최초로 사용된 이유는 시간을 다투는 급박한 상황이었기 때문이다. 전 세계적으로 감염자와 사망자가 급격히 늘어나는 가운데 하루라도 빨리 백신을 만들어야 했는데, 유정란에서 바이러스를 키우고 그것을 약독화하거나 불활성화해 백신에 넣으려면 꽤 많은 시간이 필요하다. 이런 문제점을 해결하기 위해 유전자를 편집하고 합성하는 기술이 백신 생산에 도입되었고, 그 결과 빠른 시간 안에 대량 생산이 가능해졌다. 게다가 팬데믹을 하루라도 빨리 멈추어 희생자를 줄일 필요성이 있었기에 원래는 몇 년에 걸쳐 진행되어야 할 임상시험을 불과 몇 달 만에 마치고 접종을 시작했다.

바이러스 치료제

코로나19 바이러스의 경우에는 백신 접종을 해도 감염되는 사례가 적지 않다. 코로나19 변이 바이러스에는 백신의 항체 효과가 약하기 때문이다. 영국에서는 알파 변이가, 남아공에서는 베타 변이가, 인도에서는 델타 변이 등이 나와 전 세계로 번지면서 바이러스의 생명력이 얼마나 끈질긴지를 증명하고 있다.

앞서 설명했듯이 코로나19 바이러스처럼 유전체가 한 가닥 RNA인 경우 유전체를 복제하는 과정에서 오류가 생기기 쉽고, 오류가 생긴 상태 그대로 증식하면 변이 바이러스가 되어 퍼져 나간다. 보통 코로나19 바이러스는 3개의 후손 바이러스를 복제할 때마다 1개의 돌연변이를 만든다. 그리고 이 돌연변이 바이러스 중에서 환경에 가장 잘 적응하는 것이 우점종으로 살아남는다. 백신 접종을 한 사람들이 늘어나면 기존 코로나19 바이러스가 기생할 숙주를 찾기 어려워진다. 그 결과, 항체의 추격을 피할 수 있는 새로운 변이 바이러스가 나타나 우점종이 될 확률이 크다. 이처럼 변이는 바이러스 생존에 반드시 필요한 방식이다.

코로나19 바이러스의 변이는 스파이크 단백질을 만드는 유전자에서 주로 생긴다. 스파이크 단백질은 1,000여 개가 넘는 아미노산이 결합한 것이기 때문에 이 중 하나만 다른 아미노산으로 바뀌어도 변이가 생긴다. 참고로 아미노산은 모두 20가지가 있다.

　스파이크 단백질은 열쇠 역할을 해 바이러스가 숙주세포 속으로 침입하는 데 결정적인 역할을 한다. 대부분의 바이러스 변이는 이런 스파이크 단백질의 모양을 바꾸어 숙주세포와의 결합력을 높이거나 면역세포의 추격을 피하는 방향으로 이루어진다. 바이러스 백신은 스파이크 단백질을 무력화시켜서 세포에 달라붙지 못하게 하는 중화항체를 만든다. 따라서 스파이크 단백질에 변이가 생기면 기존의 스파이크 단백질에 반응하도록 개발된 백신의 효과는 약해질 수밖에 없다. 그렇다고 몇 달 사이에 등장하는 새로운 변이에 맞춰 매번 새로운 종류의 백신을 만드는 것은 어려운 일이며, 이는 백신의 한계이기도 하다. 따라서 바이러스에 대응하려면 미리 감염을 예방하는 백신도 중요하지만, 이미 감염된 환자들을 위한 치료제도 개발해야 한다.

　백신이 바이러스에 대한 항체를 만드는 약이라면, 바이러스 치료제는 바이러스의 활동을 억제하는 약이다. 유감이지만 항생제가 세균을 죽이듯 단번에 바이러스를 죽이는 약은 아직 개발되지 않았다. 다만 바이러스가 더 이상 활동하지 못하도록 무력화시킬 수 있는 약은 여러 가지가 개발되어 있다. 예를 들어 바이러스가 숙주세포의 표면에 들러붙어 그 안으로 들어가지 못하도록 막는 약, 이미 세포 안으로 들어간 바이러스가 자신의 유전체를 복제하거나 필요한 단백질을 만들지 못하도록 막는 약, 복제된 바이러스가 숙주세포 밖으로 나오지 못하도록 막는 약 등이다. 이 약들은 바이러스가 세포에 침입해 유전체를 복제한 뒤 다시 방출되는 과정 중 일부를 차단하는 역할을 한다.

바이러스마다 차단해야 할 과정이 달라 처방해야 할 약도 달라진다. 인플루엔자바이러스에는 복제된 바이러스가 세포에서 방출되지 못하도록 막는 타미플루를 처방하고, 에이즈 바이러스나 간염바이러스에는 바이러스의 유전체가 복제되지 못하도록 막는 3TC 같은 약을 처방한다.

바이러스의 끊임없는 변이는 백신의 항체 공격을 피하고 치료제에도 내성을 키운다. 즉 항생제에 내성이 생긴 세균들이 슈퍼박테리아로 진화하듯 '슈퍼변이' 바이러스가 나타나지 않는다고 장담할 수는 없다.

바이러스와 함께 살기

유전자 변이와 재조합은 모든 바이러스 유전체에 심긴 생존 프로그램에 따라 일어난다. 인간이 지구상에서 살아남기 위해 식욕과 성욕을 가지고 태어나듯, 바이러스도 본능적으로 가장 알맞은 숙주를 찾아 살아남기 위해 변이와 재조합을 거듭한다. 따라서 숙주가 움직이며 바이러스 전파를 돕지 않아도 바이러스는 세계 곳곳에서 자연적으로 변이를 일으키며 전파될 수밖에 없다. 결국 이 세상에서 바이러스의 놀라운 생명력을 완전히 막을 수 있는 것은 없으며, 그때그때 백신과 치료제를 개발하고 방역하는 것이 피해를 최소화하는 최선의 방법이다.

바이러스는 무서운 팬데믹의 주범이기도 하지만, 지구상 생물 진화의 원동력이기도 하다. 또 바이러스는 살아 있는 세포에 기생해야 살아갈 수 있기 때문에 숙주를 완전히 죽이지 못한다. 예를 들어 에이즈 바이러스는 숙주인 침팬지에 병을 일으키지 않고 오랫동안 공존해 왔고, 코로나바이러스 역시 박쥐의 몸속에서 수백만 년 이상 평화롭게 공생해 왔다. 그런 점에서 인간이 이런 야생동물들의 서식지를 침범하며 밀접하게 접촉하지만 않았다면 무서운 팬데믹이 생기지도 않았을 것이다. 인간과 바이러스, 그리고 그 외의 생물들은 오랫동안 지구상에서 공생해왔고, 앞으로도 공생해야 할 운명이다.

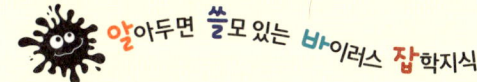
알아두면 쓸모 있는 바이러스 잡학지식

잠든 바이러스를 깨우는
기후변화

태양은 지구 표면을 따뜻하게 데우면서 모든 생물이 살아갈 수 있도록 에너지를 제공한다. 지구는 태양이 보내준 열을 받아 쓰고 나머지는 내보낸다. 이 열 중 일부를 지구를 둘러싼 기체가 흡수하면 '온실가스'가 된다. 온실가스는 온실의 유리벽처럼 지구를 감싼 채 열이 발산되는 것을 막아준다. 덕분에 지구의 평균기온은 섭씨 15도 정도를 유지하며 생명체가 살기에 적합한 환경을 이루고 있다.

그런데 최근에는 온실가스의 양 자체가 문제가 되고 있다. 18세기 중반의 산업혁명 이후로 인간은 석유나 석탄 같은 화석연료를 태우면서 이산화탄소를 엄청나게 배출하고 있다. 이산화탄소의 양이 갑자기 늘다 보니 바다와 식물이 흡수할 수 있는 한계치를 넘어서게 되었고 대기 중 이산화탄소 농도는 계속 높아지고 있다. 그로 인해 온실가스의 양이 점점 많아지면서 지표면 온도가 상승할 수밖에 없는 악순환이 반복되고 있다. 앞으로도 온실효과는 점점 커질 것으로 보인다. 그래서 이산화탄소 배출과 관련한 문제는 요즘 국제사회에서 가장 뜨거운 관심거리이다.

지구온난화는 단순히 기온이 상승해 더워지는 현상에 머물지 않는다. 기온이 올라가면 강수량이 지역에 따라 갑자기 증가하거나 감소한다. 데워진 바닷물이 팽창해 해수면이 올라가는 지역도 생긴다. 최근에는 해수면 상승으로 하루아침에 모래사장이 사라지거나 섬 하나가 자취를 감추는 일이 세계 곳곳에서 발생하고 있다. 이외에도 태풍, 이상고온현상인 열파, 가뭄, 홍수 등의 재해가 자주 대규모로 발생하고 있다.

기상이변으로 인한 재해는 가옥 손실, 식수 오염, 식량 부족 등 비위생적인 환경을 만들어 삶의 질은 물론 사람들의 면역력을 떨어뜨린다. 특히 지구의 평균기온이 올라가면 전염병을 옮기는 매개동물의 서식지가 넓어지고 활동력이 왕성해지는데, 사계절 중 겨울철의 기온 상승은 이런 피해를 확대한다. 여러 해충이 겨울에도 죽지 않고 활동하거나 분포지역을 북쪽으로 넓히며 피해를 키울 가능성이 커지기 때문이다.

서식지 확산으로 가장 큰 걱정을 주는 해충은 모기이다. 동굴 속에 숨어 사는 박쥐와 달리 모기는 사람을 물어 직접 바이러스를 옮기기 때문에 박멸해야 할 곤충 1위에 오른 지 오래다. 오죽하면 빌 게이츠가 모기의 유전자를 조작해 전 세계 모기를 불임 상태로 만들려는 프로젝트를 추진하겠는가.

모기가 옮기는 바이러스로 인한 질병은 말라리아, 뎅기열, 웨스트나일열, 리프트밸리열, 일본뇌염 등 다양하다. 최근 이런 질병들의 발병률이 온난화와 함께 증가하고 있다. 연구 결과에 따르면 온도가 1도 상승할 때마다 모기 유충의 성장 속도는 10퍼센트 빨라지고, 생존 가능성도 높아진다고 한다. 우리나라에서도 매년 말라리아를 옮기는 모기의 개체 수가 점점 많아지고, 일본뇌염을 옮기는 작은빨간집모기의 출현 시기도 조금씩 빨라지고 있다. 예전에는 4월이 지나야 남쪽 지방에서부터 나타나던 것이 이제는 3월 중에 나타나고 있다. 지구가 따뜻해지니 동면에 들어갔던 모기가 그만큼 일찍 깨어나기 때문일 것이다. 게다가 모기는 기온이 오르면 몸속 화학반응이 빨라지면서 그만큼 빨리 성장해 더 많이 번식한다.

2015년 브라질에서 유행한 지카바이러스 역시 기후변화가 원인일 가능성이 크다. 1954년에 처음 이 바이러스가 발견되었을 때만 해도 열대지방에 있는 풍토병 정도로 여겨졌다. 그런데 바이러스의 매개체인 이집트숲모기가 도시에 등장하면서 문제가 커졌다. 2015년은 기후 관측 역사상 가장 더운 해로 기록되어 있다. 아마도 이런 기온 상승이 모기의 활동 시간과 영역을 늘려 바이러스가 빠르게 퍼질 수 있게 만들었을 것이다. 통계 자료에 의하면, 2015년 이후 지카바이러스가 유행한 3년 동안 브라질에서는 소두증 아기가 3,000여 명 넘게 태어났다. 원인은 지카바이러스에 감염된 엄마를 거쳐 아기가 바이러스에 감염되어 뇌신경이 손상되었기 때문이다. 이 아이들은 평생 발달장애인으로 살아야 하는 운명에 놓였다.

웨스트나일바이러스는 1937년 우간다의 웨스트나일 지역에서 처음 발견되었다. 이 바이러스는 기온이 높은 열대지방에서만 발견되는 것으로 여겨졌는데, 지구온난화와 함께 바이러스를 옮기는 모기의 서식지가 확산되면서 1999년 뉴욕에서 처음으로 웨스트나일바이러스 감염 환자가 발생했다. 심하면 뇌염 증세를 보이며 사망에 이르는 이 질병은 점점 발생 지역을 넓혀 현재 캐나다와 멕시코 등지로 번지고 있다. 심지어 시베리아와 같은 한랭지역에서도 웨스트나일바이러스 감염 환자가 발생하고 있다.

리프트밸리열은 주로 아프리카에서 볼 수 있는 바이러스 감염증이다. 일반적으로 양, 염소, 소 등에서 발병한다. 이 동물들이 리프트밸리바이러스에 감염된 모기에게 물리고, 이 모기가 다시 사람을 물면서 감염이 확산되고 있다. 모기에 물리지 않더라도 감염된 동물이 주로 가축이기 때문에 가축의 혈액이나 체액과 접촉해 감염되는 사례도 있다. 그동안은 리프트밸리바이러스에 감염된 동물이나 모기가 많지 않아 사람에게는 거의 전염되지 않았다. 하지만 엘니뇨에 의해 강우량이 많아지면서 모기의 개체 수가 증가하고, 그에 따라 이 바이러스에 감염된 모기와 동물의 개체 수가 늘어나면서 사람들 중에서도 감염자가 늘어나고 있다.

한타바이러스 폐증후군은 주로 아메리카 대륙에서 볼 수 있는 감염증이다. 이 바이러스는 원래 쥐와 같은 설치류의 몸에 기생한다. 이런 설치류 동물이 마을 근처에 서식하며 배설물과 함께 배출한 바이러스에 사람이 감염되기도 한다. 이 바이러스 역시 그동안 감염된 설치류의 수가 적었기 때문에 사람이 감염되는 경우는 거의 없었다. 하지만 지구온난화로 강우량이 증가하자 건조한 지역에 먹이가 될 식물이 잘 자라기 시작하면서 설치류의 개체 수가 증가하고 있다. 앞으로 이 추세가 지속되면 한타바이러스에 감염되는 사람도 늘어날 것으로 보인다.

지구의 평균기온이 올라가면서 모기, 쥐, 해충 같은 바이러스 매개체가 늘어나는 것도 문제지만, 바이러스의 종류가 다양해지는 것도 문제. 기온 상승으로 영구 동토층이 녹아서 생긴 물은 주변 온도가 낮아 증발하지 않고 웅덩이를 만든다. 최근 알래스카 지역에는 이렇게 생겨난 물 웅덩이들이 많아지고 있다. 겨울잠에 들었던 모기알들은 여름이 되면 이 웅덩이들에서 한꺼번에 부화해 개체 수를 기하급수적으로 늘린다. 그리고 자신에게 피를 제공하는 사람과 각종 온혈동물에게 부지런히 바이러스를 옮긴다.

게다가 시베리아나 극지방의 영구 동토층에는 수많은 '미지의 바이러스'들이 활동을 멈춘 상태로 숨어 있다. 하지만 기온 상승으로 영구 동토가 녹기 시작하자 2003년 이후부터는 고대에 활동했던 것으로 보이는 바이러스들이 몇 차례나 발견되었다. 그중에서도 프랑스 과학자들이 3만 년 전의 지층에서 발견한 '모리바이러스'는 놀라운 증식 능력을 보여 사람들에게 충격을 안겨주었다. 이 바이러스를 아메바 안에 넣었더니 12시간 만에 1,000배로 불어나 세포막을 찢고 터져 나왔다고 한다.

사람들이 두려워하는 것은, 이렇게 무서운 속도로 증식하는 바이러스들이 혹시 또 다른 유행병을 일으키지 않을까 하는 점이다. 설령 지금은 인간을 감염시킬 능력이 없다 해도 몇 단계 다른 숙주 동물들을 거치며 변이를 일으키면 어떤 변종 바이러스로 나타날지 모르는 일이다.

이런 위기를 극복하려면 우리는 많은 것들을 줄여야 한다. 지구의 평균기온이 더 이상 올라가지 않도록 이산화탄소 배출량을 줄여야 하고, 도시화나 산림 훼손도 줄여야 한다. 야생동물이나 가축과 접촉하는 일도 가능하면 줄이고, 이를 위해 육식을 줄이는 것도 하나의 방법이다. 가금류를 좁은 곳에 가두어 키우는 농장에서 해마다 조류인플루엔자가 발생하는 것만 봐도 그런 생각이 든다. 조류인플루엔자는 사람을 감염시키지 않는다고 알려져 있지만, 이 인플루엔자가 어느 순간 변이를 일으켜 사람에게 옮아오면 코로나19 바이러스보다 더 큰 팬데믹을 일으킬지도 모른다.

5장

바이러스가 바꾼 세계사

역사를 다시 쓰는 팬데믹의 힘

어떤 질병이 위세를 떨치며 전 세계로 번져가는 현상을 '팬데믹(pandemic, 범유행병)'이라 한다. 우리말로는 '감염병의 세계적 유행' 정도로 풀이된다. 백신이나 치료제 등 다양한 대책이 마련되면 발병 지역은 차차 좁아진다. 이 단계에서 완전히 종식되지는 않더라도 좁은 지역에서 빠르게 통제할 수 있는 풍토병으로 굳어지는 것을 '엔데믹(endemic)'이라 한다. 엔데믹에 해당하는 질병으로는 말라리아, 뎅기열, 메르스 등이 있으며, 특정 지역에서 주기적으로 나타나는 인플루엔자바이러스도 여기에 해당한다. 최근 몇 년째 팬데믹을 일으키고 있는 코로나19도 곧 엔데믹이 될 것으로 보인다.

팬데믹은 사회에 급격한 변화를 일으키고, 급기야 역사의 흐름까지 바꾸어 놓는다. 수많은 사람들의 죽음과 대중의 인식 변화로 지배 계층이 무너지고 신흥 세력이 등장한다. 이런 권력의 재편은 결국 한 시대의 막을 내리고 새로운 시대를 향한 문을 열게 한다.

세계적인 대유행으로 많은 사람을 죽음에 빠뜨린 3대 팬데믹은 페스트, 천연두, 인플루엔자이다. 페스트는 바이러스가 아닌 세균이 일으킨 질병이지만 역사적인 뿌리가 깊고 인류사에서 여러 차례 대유행을 일으키며 인류가 팬데믹에 대처하는 방법을 터득하도록 길을 열었다. 해외에서 들어오는 사람들을 격리시키는 검역 방식도 페스트 2차 대유행 때부터 시작됐다.

페스트 2차 대유행 이후 교황 클레멘스 6세가 페스트의 원인을 밝히기 위해 인체 해부 금지령을 풀면서 근대 의학이 발달하기 시작했다. 이 일은 나중에 바이러스가 일으킨 팬데믹에 대한 대처와 치료에도 큰 영향을 끼쳤다. 그런 의미에서 세계사를 바꾼 바이러스 감염을 다루기 전에 페스트로 인한 팬데믹부터 이야기해 보자.

최악의 세균과 함께 성장한 유럽

14세기 유럽에는 봉건귀족과 가톨릭교회라는 두 권력이 거대한 먹구름을 드리우고 있었다. 이 먹구름은 좀처럼 걷힐 기미가 안 보였다. 이 두 권력은 사회계층 간 이동을 차단하고 비옥한 땅과 지식을 독차지했다. 땅도 없고 지식도 없는 대부분의 민중은 보이지 않는 권력에 손발이 묶이고 두 눈이 가려진 채 소수의 권력층을 위해 평생 노동만 하는 비참한 삶을 살았다. 한마디로 당시 유럽은 종교적인 미신과 권력욕이 지배하는 아둔하고 어두운 땅이었다.

이런 유럽에 새바람이 불기 시작했다. 새바람을 몰고 온 존재는 기독교의 구세주처럼 기적을 행하는 그런 대단한 사람이 아니었다. 어이없게도 눈에 보이지 않을 정도로 작은 세균이었다.

이 세균은 1894년 프랑스의 뛰어난 미생물학자 알렉상드르 예르생이 발견했다. 정식 명칭은 발견자의 이름을 딴 예르시니아 페스티스(*Yersinia pestis*)이고 간단히 페스트균이라 부르게 되었다. 페스트균이 일으킨 질병이 예르시니아 감염증인데, 페스트 혹은 흑사병이라 불렀다. 페스트는 인류 역사상 서너 차례 크게 유행해 많은 사람의 목숨을 앗아갔으며, 지금도 간간이 발병하고 있다.

페스트는 라틴어 '페스티스(*pestis*)'에서 온 단어로, 페스티스는 전염병이나 돌림병을 뜻한다. 14세기를 지나면서 유럽 인구의 3분의 1을 앗아간 페스트는 전염병의 대명사가 되었고, 병명 '페스트'도 그 자체로 전염병을 의미했다.

페스트균은 쥐 같은 설치류에 기생하는 쥐벼룩이 숙주를 물어 피를 빤 후 다시 사람을 물면서 옮겨진다. 이후 사람들 사이에서 빠른 속도로 전염되며, 가래톳페스트, 패혈성페스트, 폐페스트로 나뉜다.

가래톳페스트는 림프절페스트라고도 한다. 감염된 쥐의 피를 빤 쥐벼룩에게 물려 페스트균이 몸속으로 들어오면 약 6일의 잠복기를 거친 뒤 증상이 나타난다. 세균이 사타구니와 겨드랑이에 있는 림프샘으로 흘러가면 가래톳(종기)이 나고 열이 오른다. 가래톳은 페스트균을 물리치기 위해 면역계가 작동하면서 림프샘이 부어 생긴 멍울이다.

폐페스트는 세균이 폐로 옮겨가면서 걸리는데, 사망률이 매우 높다. 폐페스트에 걸리면 기침과 호흡곤란을 겪고, 기침할 때 나온 가래나 에어로졸을 통해 주위 사람에게 페스트균이 옮는다.

패혈성페스트는 가래톳페스트나 폐페스트를 제대로 치료하지 못해 증상이 악화됐을 때 발병한다. 피가 엉겨 모세혈관을 막기 때문에 피부가 검게 괴사하는데, 이 증상에서 흑사병이라는 이름이 유래했다. 패혈성페스트로 진행되면 정신이 흐려지다가 5일 이내에 사망하는 경우가 대부분이다.

페스트에 걸리면 열이 나고 구토, 설사, 호흡 곤란 등으로 괴로워하다가 죽게 된다. 온몸에서 피부가 썩어가는 악취를 풍기며 검은 자국을 남기기 때문에 의사라도 이런 환자 곁에 가는 것을 꺼릴 수밖에 없었다. 페스트에 대한 백신이나 항생제가 없던 시절에 유럽

의사들은 페스트 환자를 치료하러 갈 때면 나름대로 철저히 무장을 했다. 새부리 모양의 가면(나쁜 공기를 걸러내고 악취를 막기 위해 부리 끝쪽에 짚을 채우고 향신료를 넣었다)을 쓰고, 유리렌즈로 눈을 가렸다. 모자와 밀랍을 입힌 긴 검은 가운으로 온몸을 가렸고, 환자와의 접촉을 줄이려고 긴 나무 지팡이를 들고 다녔다. 이처럼 괴상한 복장을 한 의사들이 다녀간 뒤에는 으레 죽음이 찾아왔으니, 이들을 의사라고 해야 할지 죽음의 사신이라고 해야 할지 헷갈릴 정도였다.

지구상에 남아 있는 가장 오래된 페스트의 흔적은 유럽 발트 3국 중 하나인 라트비아에 있는 신석기 시대 유적지에서 발견되었다. 이 지역에서 5,300년 전쯤 20대의 젊은 나이에 죽은 것으로 보이는 두개골이 발견되었고 과학자들은 DNA를 분리해 냈다. 그 과정에서 감염된 세균의 유전자를 발견했는데 원시 페스트균인 예르시니아 페스티스로 밝혀졌다. 이 두개골의 주인은 '역사상 가장 오래된 감염병 희생자'였던 것이다. 페스트균은 신석기 시대부터 이미 사람들을 괴롭히고 있었다.

역사상 기록으로 남은 첫 번째 페스트 대유행은 541년 동로마제국의 수도 콘스탄티노플에서 있었다. 페스트균은 아프리카의 에티오피아에서 돌아온 로마 군인들을 따라 들어왔다. 감염 후 며칠 만에 검은 반점을 보이며 죽어가는 환자가 집집마다 넘쳐났다. 페스트균을 지닌 쥐들이 수레와 마차에 숨어 곳곳으로 퍼져가면서 콘스

▶17세기 로마의 전염병 의사였던 슈나벨 박사를 그린 동판화

탄티노플에서만 하루에 1만 명 이상의 사람들이 죽었고, 로마의 정비된 길을 따라 전염병은 무서운 속도로 번졌다.

이후 페스트는 이곳에서 저곳으로 옮겨 다니며 200여 년에 걸쳐 끈질기게 유행했고, 결국 이 지역의 풍토병이 되었다. 심지어 유스티니아누스 황제도 페스트에 걸려 죽다 살아났다. 당시 기록에 따르면, 페스트는 평균 15년에 한 번씩 수도 콘스탄티노플을 덮쳤다. 그 사이에 4,000만 명에 이르는 사람들이 죽었고, 생존자들은 죽은 사람들의 몫까지 세금을 내느라 허덕였다. 페스트로 인해 인구가 급격히 줄자 로마제국은 군사력과 경제력이 악화되는 어려움을 겪었다. 이처럼 페스트는 로마제국의 몰락에 큰 영향을 끼쳤다.

인류사에 결정적인 영향을 끼친 건 페스트의 2차 대유행이었다. 시작은 1331년 중앙아시아에서 발생한 페스트였다. 당시 페스트는 미얀마 지방의 풍토병이었다. 페스트균이 워낙 인류의 오랜 역사와 함께하다 보니 이미 한 지역의 풍토병으로 자리 잡았다 해도 이상할 것은 없었다. 이 지역에 살던 들쥐들이 이동하면서 중국 운난 지역에 페스트가 퍼졌고, 페스트에 면역이 약한 중국인들 사이에서 사망자가 속출했다. 아울러 운난 지역에서 정복 전쟁을 치르던 몽골군이 유럽으로 떠나면서 페스트균도 함께 데려갔다.

1346년 이탈리아의 도시 카파에서 전쟁을 치르던 몽골군은 투석기로 이상한 물체를 쏘아 올리기 시작했다. 그들이 성벽 안으로 던진 것은 죽은 몽골 군사들의 시체였다. 카파 시민들은 썩은 냄새가 지독하고 검은 반점이 얼룩덜룩한 시체를 치웠다. 그런데 며칠 후부터 카파의 군사와 시민들도 몽골군 시체와 같은 증상을 보이며 죽어갔다. 성 안으로 던져진 시체는 페스트에 걸려 죽은 몽골 군사였던 것이다. 당시 페스트를 잘 알지 못했던 카파 사람들은 영문도 모른 채 페스트에 감염되어 무더기로 죽어갔다. 무역을 하던 일부 상인들은 배를 타고 근처 시칠리아섬으로 도망쳤는데, 이들의 이동은 페스트가 이탈리아반도 전체로 퍼지는 계기가 되었다.

이후 페스트는 유럽의 거의 모든 지역으로 퍼졌고, 발생 4년 만에 유럽 인구의 3분의 1을 죽음으로 내몰았다. 심지어 급성 페스트 환자들은 발병 후 죽기까지 6시간 정도밖에 걸리지 않았다. 이 모습은 마치 '신의 저주'를 받고 쓰러지는 것처럼 보였다. 당시는 신학과 철학이 지배하고, 과학에 기반한 지동설과 해부학이 금지되던 암흑기였다. 한마디로, 사람들의 사고방식은 페스트의 발병 원인을 합리적으로 규명해낼 수 없는 어둠 속에 갇혀 있었다.

페스트가 덮치기 전의 유럽은 기후가 온화해 인구가 늘고 도시가 성장하던 상황이었다. 그 덕분에 거리는 혼잡했고, 아무 데나 버려진 쓰레기와 오물 사이로 쥐들이 먹이를 찾아다니며 부지런히 번식했다. 더러운 환경에서 제대로 씻지도 못한 사람들의 몸에는 쥐벼룩이 달려들었고, 쥐벼룩은 사람과 쥐 사이를 오가며 배를 채우는 동시에 페스트균도 옮겼다.

설상가상으로 14세기에 접어들면서 유럽 대륙의 기온이 떨어지기 시작했다. 여름이 짧아지고 겨울이 길어지자 농작물 수확량은 줄고, 사람들은 추위를 이기기 위해 숲의 나무들을 함부로 베었다. 그 결과 땅은 황폐해지고 경작지를 개간할 수 없어 농작물이 점점 줄어드는 악순환이 반복되었다. 이런 상황에서 교회 성직자들은 "인간은 원죄를 가지고 태어났으니 가혹한 삶을 참고 견디라"고 설교했다. 심지어 페스트가 창궐하는데도 인체 해부를 금지해 의학 지식이 제자리에 머무르도록 만들었다. 당시의 의학은 몸속에서 혈액이 순환하는 과정도 제대로 이해하지 못하던 처지였다.

의사들은 1,000년 전 로마 출신 의사인 갈레노스가 정리한 지식에 의존하고 있었다. 갈레노스는 모든 질병의 원인은 체액의 불균형 때문이라고 주장했다. 특히 피가 뜨거워지면 열이 오른다는 그의 주장은 중세 의사들에게 큰 영향을 끼쳤다. 그들은 페스트 환자의 몸에서 열이 나면 정맥절개술이라는 치료법을 사용했다. 정맥을 찢거나 구멍을 내서 피를 흘려보내는 방법인데, 이렇게 피를 흘리면 뜨거워진 피가 식어 열이 내려간다고 믿었다. 페스트균의 공격으로 가뜩이나 약해진 몸에 일부러 상처를 내고 출혈을 유도하는 것이 페스트에 대항하는 거의 유일한 치료법이었다. 보조적인 치료법도 있기는 했다. 땀을 흠뻑 흘리거나, 음식을 먹지 않고 굶은 상태에서 구토를 해 몸 안의 불순물을 제거하는 방법이었다. 이 치료법들은 한마디로, 죽을 정도로 체력이 약해진 환자들을 회복 불가능하게 만드는 엽기적인 치료법이었다.

페스트가 지중해에서 스칸디나비아반도까지 휩쓸고 지나가면서 프랑스 아비뇽에서는 사망자가 늘어 공동묘지에서 모두 수용할 수 없을 정도였다. 그러자 사람들은 페스트균이 득실거리는 시체를 론강으로 던졌고, 보르도 항구에는 시체들이 악취를 풍기며 짐짝처럼 쌓여갔다. 1348년에 마침내 영국에 도착한 페스트균은 삽시간에 노르웨이, 스웨덴, 덴마크를 거쳐 그린란드까지 덮쳤다. 그사이에 유럽 곳곳의 공동묘지는 시체들로 넘쳐났다.

굶주림과 전염병으로 고통받는 사람들은 차츰 마음도 병들어갔다. 교회의 권력자들은 아무런 해결책을 내놓지 못하는 자신들의 약점을 덮기 위해 "이 병은 신의 저주 때문이니 회개하라"고만 귀에 못이 박히도록 설교했다. 오랫동안 교회의 독단적인 설교에 세뇌당하면서 이성이 마비된 사람들은 설교 내용을 고스란히 받아들였다. 심지어 회개의 의미로 자신을 채찍질하며 돌아다니는 무리도 생겨났는데, 이러한 행동이 오히려 전염병 확산을 도왔다.

그뿐만 아니라 이성이 마비된 채 거리로 쏟아져 나와 미친 듯이 춤을 추면서 죽음으로 내몰리는 고통을 잊어보려는 사람들도 생겨났다. 그래도 이런 부류는 스스로를 학대하는 식이라 그나마 나은

편이었다. 일부 사람들은 전염병을 유대인 탓으로 돌리며, 그들이 우물에 독을 타서 병을 일으켰다는 소문을 냈다. 페스트균의 존재를 몰랐던 시대라 이런 헛소문은 어느새 기정사실이 되었고, 사람들은 1,000명에 가까운 유대인들을 잡아내 교수형에 처했다. 날로 커지던 페스트에 대한 공포와 무능한 권력층을 향한 분노가 유대인을 향한 증오로 분출되는 듯했다.

당시 유대인들은 기독교로 개종하기를 거부했다는 이유로 핍박을 받고 있었다. 특히 기독교인이 대부분인 유럽에서는 예수를 십자가에 못 박은 민족이라는 이유로 유대인을 죄인 취급하며 시민권도 주지 않았다. 직업을 구하기 어려워진 유대인들은 돈을 빌려주고 비싼 이자를 받는 고리대금업을 하는 경우가 많았는데, 사람들이 멸시하는 고리대금업으로 부를 쌓아가는 유대인들이 유럽 사람들의 눈에 곱게 보일 리 없었다. 게다가 유대인들은 종교적 율법에 따라 위생을 철저히 지키고 병세를 보이는 환자를 격리하는 전통을 지키고 있었기 때문에 페스트로 인한 희생자가 상대적으로 적었다. 가뜩이나 미운데 팬데믹 상황에서 자기네만 살아남는 모습은 유대인을 향한 유럽 사람들의 증오심을 더욱 부추겼다.

동트기 전의 어둠이 가장 짙은 것처럼 광기와 죽음의 극한으로 치닫기만 하던 암흑의 시간에도 끝은 있었다. 1351년이 되자 전염병은 수그러들었고 새로운 시대가 보이기 시작했다. 페스트 팬데믹을 거치면서 사람들은 종교적인 무지에서 벗어나 이성의 눈을 떴다. 페스트라는 대재앙 앞에서 회개하라고만 외치는 교회 권력자들의 신뢰는 바닥으로 떨어졌고, 성직자들의 대규모 사망도 교회의 권위 추락에 한몫했다. 성도들 위에서 신의 대리자로서 군림하던 그들도 페스트균 앞에서는 악취를 풍기며 추하게 죽어가는 약한 인간에 지나지 않았다.

더불어 그들이 지식을 독점하는 데 큰 힘이 되었던 라틴어가 권위를 잃고 영어, 독일어, 프랑스어가 널리 쓰이면서 대중은 좀 더 쉽게 지식에 접근할 수 있게 되었다. 사람들은 자기 나라 말로 쓰인 성경과 고전을 읽으며 비판 의식을 키웠고, 이러한 분위기는 계몽주의가 싹트고 종교개혁이 일어나는 발판이 되었다.

사회계층에도 변화가 생겼다. 페스트가 발병한 지 10여 년 만에 유럽 인구 중 3분의 1이 죽으면서 소작농이 줄자 임금은 올랐으며, 소비가 줄어들자 물가도 하락했다. 곳곳에서 부유한 농민들이 생겨났고, 죽은 사람들이 남긴 땅과 재산을 싼 값에 구입해 하루아침에 부자가 된 신흥 중산계층이 나타났다. 특히 상인이나 은행가처럼 자본을 관리하는 소수의 사람들과 몇몇 귀족들은 죽은 유대인들의 재산을 차지해 어마어마한 부를 쌓기도 했다.

노동자의 지위가 향상되고 신흥 자본 세력이 커지자 귀족은 몰락하고 봉건주의 사회는 어느새 자본주의에 자리를 내주고 있었다.

이제 지위와 권력을 유지하는 데는 땅이나 신분보다는 돈이 중요했다. 외국 도시들과의 무역이 활발해지면서 상인의 말 한마디가 귀족의 열 마디 말보다 더 큰 영향력을 끼치는 시대가 되었다.

페스트로 많은 사람이 죽어버린 귀족 가문은 상속권 때문에 곳곳에서 분쟁이 일어났다. 상속자가 누구인지를 가려내기 위해 재판이 벌어졌고, 이 일은 오늘날의 소송법과 부동산법이 자리 잡는 계기가 되었다. 귀족들은 사치 금지법을 정해 신흥 부유층이 권력을 과시하지 못하도록 애를 썼지만, 이는 꺼져가는 불꽃의 마지막 몸부림에 지나지 않았다. 어느 틈에 귀족보다 훨씬 부유해진 상인 계층의 성장세를 그 누구도 누를 수 없었다.

페스트가 사라지면서 봉건제는 사라지고 자본주의를 향한 새로운 역사의 문이 열렸다.

아메리카의 주인을 바꾼 천연두바이러스

천연두바이러스는 인류 역사상 가장 많은 사람을 죽인 바이러스이다. 기원전 12세기 이집트의 파라오였던 람세스 5세의 미라에서도 이 바이러스의 흔적이 발견되었으며, 이후로도 3,000여 년 동안 인류를 숙주 삼아 계속 증식해오다가 전 세계적으로 천연두 백신 접종이 이루어지면서 사라지고 말았다.

이 바이러스는 특이하게도 한 종류의 숙주만 이용한다. 오직 사람 세포만 감염시키는데 인류 대부분이 항체를 보유하게 되자 숙주를 찾지 못하고 사라지게 된 것이다. 1980년 세계보건기구(WHO)는 지구상에서 천연두바이러스가 박멸되었다고 선언했다. 이제는 미국과 러시아의 연구소에만 천연두바이러스의 표본이 남아 있을 뿐이다.

이미 사라진 바이러스이지만 역사를 조금만 되짚어보면 이 바이러스가 얼마나 대단했는지를 쉽게 알 수 있다. 천연두바이러스는 공기를 거쳐 쉽게 전염되며, '일단 증상이 나타나면 10명 중 3명은 죽는다'라는 말이 있을 정도로 치사율이 높았다. 설령 죽지 않고 살아남아도 얼굴을 비롯한 온몸에 우묵우묵 팬 자국이 흉하게 남았고, 일부 환자는 회복된 뒤에도 신경세포가 손상되어 팔다리가 뒤틀리거나 눈이 멀었다.

우리나라에서도 천연두가 무서운 기세를 떨쳤다. 그 영향으로 천연두를 '두창', '손님', '마마', '포창', '호역' 등 다양한 이름으로 불렀고, 천연두를 앓고 난 뒤에 얼굴에 흉이 남은 사람을 '곰보'라고 낮잡아 불렀다. 천연두는 전염 속도가 무서울 정도로 빠르고, 한꺼번에 수많은 사람의 목숨을 앗아갔기 때문에 페스트처럼 '신이 내린 저주'로 여기는 경향이 강했다. 그래서 왕실 사람들을 '상감마마, 중

전 마마' 하고 부르듯 이 병을 '마마'라고 높여 부르며 노한 신이 천
연두를 거두어가기를 염원했다.

천연두는 증상이 어땠기에 이처럼 사람들을 공포에 빠뜨린 걸
까? 중세 시대 최고의 의사로 꼽히는 알 라지는 의학서적만 100여
권을 썼는데 그 내용이 독창적이고 뛰어나 라틴어, 프랑스어, 독일
어 등으로 번역되었다. 의학에 관심 있는 유럽 사람이라면 모두 알
라지의 책을 읽었다고 할 정도였다. 그중에서도《천연두와 홍역에
대한 고찰》에는 천연두의 증상이 아주 자세히 기록되어 있다. 잠깐
살펴보자.

천연두 증상　열, 요통, 코 가려움, 수면 중 떨림 등이 나타난 뒤에 본
격적으로 천연두 증상이 시작된다. 주요 증상은 열, 요통, 전신을 바늘로
찌르는 듯한 통증, 뺨과 눈의 충혈, 발진, 목과 가슴의 통증, 목소리가 잘
나오지 않음, 두통, (중략) 흥분, 근심, 불안이 지속되면서 속이 메스꺼움
등이다. 속이 메스껍거나 흥분되고 불안에 떠는 심리적인 증상은 천연
두보다는 홍역에서 더 두드러지지만, 요통은 홍역보다는 천연두에서 더
심하다.

천연두바이러스와 그보다 증상이 약한 홍역 바이러스의 감염 증
상을 비교 설명했는데, 천연두바이러스에 감염되면 머리에서 발끝

까지 안 아픈 곳이 없다는 것을 알 수 있다. 게다가 전신에 발진이 심해지면 겉모습이 괴물처럼 흉해졌기에 사람들은 환자를 피했고, 결국 환자는 고립된 상태에서 고열에 시달리다 죽었다.

천연두바이러스는 감염된 사람이 기침이나 재채기를 할 때 배출되어 공기 중으로 전파되든가 다른 물체를 오염시켜 전파되었다. 천연두바이러스 감염은 주로 겨울철에 많이 발생했는데, 춥다고 문을 닫아놓은 실내에서 쉽게 전파되었기 때문이다. 원래 설치류의 몸 안에 있던 것이 낙타를 감염시켰고, 이것이 다시 변이를 일으켜 사람을 감염시키는 천연두바이러스가 된 것으로 보인다.

천연두바이러스가 세계사의 전면에 등장한 것은 15세기 후반, 르네상스 운동이 꽃을 피우고 유럽에 새바람이 불던 때였다. 고대 그리스 철학자들이 주장하던 지동설이 다시 힘을 얻기 시작했고, 사람들의 관심은 지구 구형설로 향했다. 그때까지 천동설을 믿어온 사람들은 신이 우주의 중심인 지구를 평평한 땅덩어리로 만들었을 것이라고 생각했다. 하지만 여러 과학자들이 천동설을 증명하려고 망원경으로 밤하늘을 관측한 결과 지구는 둥글었고, 태양이 지구 주위를 도는 것이 아니라 지구가 태양 주위를 돌고 있다는 사실이 밝혀졌다. 이제 누군가 배를 타고 지구를 한 바퀴 돌아와서 지구가 둥글다는 사실을 증명해주어야 할 차례였다.

그즈음 '해가 지지 않는 제국'으로 성장하던 스페인에서 시대의 부름에 응하는 움직임이 일어나고 있었다. 오랜 전쟁 끝에 이베리아 반도를 통일한 이사벨 여왕은 이제 식민지를 개척해 나라를 좀 더 부강하게 만들고 싶었다. 여왕의 이런 마음을 알아준 탐험가가 바로 크리스토퍼 콜럼버스였다. 그는 지구가 둥글다고 믿었기에 '배를 타고 대양을 건너가면 신대륙이 있고, 그 신대륙을 지나 계속 항해하면 스페인으로 돌아올 수 있을 것'이라고 생각했다.

1492년 콜럼버스는 이사벨 여왕의 지원을 받아 대서양을 가로질러 항해를 떠났다. 그리고 70일 만에 신대륙에 도착했다. 사실 그는 마르코 폴로의 《동방견문록》을 읽고 아시아 대륙을 찾아 떠난 것이었는데, 막상 발견한 것은 낯선 원주민들이 사는 아메리카 대륙이었다. 어쨌든 이로 인해 대항해 시대가 열렸고, 스페인은 식민지를 개척해 세계에서 가장 강대한 제국으로 성장할 수 있었다.

콜럼버스 이후 많은 탐험가들이 신대륙의 금과 향신료 등 새로운 자원을 찾아 항해를 시작했다. 발달한 항해 기술과 총기의 위력 덕분에 유럽인들은 곧 신대륙의 새로운 정복자가 되었다. 그런데 당시 유럽인들을 도운 보이지 않는 큰 조력자가 있었으니, 항해 기술이나 총기보다 더 강력했던 천연두바이러스다.

대서양을 건너온 유럽 군대는 지칠 대로 지친 데다 신대륙의 지형이 익숙하지 않았다. 그래서 수적으로 월등히 우세하고 신대륙의 지형을 잘 아는 원주민들을 이기기가 쉽지 않았다. 실제로 전쟁 초기에 원주민들은 유럽군을 크게 무찔렀다. 하지만 이것은 유럽군과 함께 들어온 천연두, 감기, 장티푸스, 홍역 같은 감염병이 퍼지기 전까지의 상황이었다.

드넓은 대륙의 청정한 초원 지대에 거주했던 원주민들은 감염병을 옮기는 세균과 바이러스를 접해본 적이 없었다. 원주민들은 가축을 거의 키우지 않아서 동물 변이 바이러스에 감염될 일이 없었고, 수레나 마차가 없었기에 짐을 싣고 다니며 병원체를 옮길 일도 없었다. 게다가 유럽인들보다 목욕을 자주 하는 등 훨씬 더 청결한 생활을 해오고 있었다. 반면, 수천 년 동안 온갖 가축을 키우고 복잡한 도시에서 쥐와 함께 살며 세균과 바이러스로 인한 질병에 익숙해진 유럽인들은 병원체를 물리칠 면역 시스템을 DNA 깊숙한 곳에 새겨둔 터였다. 그런 의미에서 원주민들이 가장 뒤처진 분야는 항해술도 무기도 아니었다. 그들의 화살이 유럽인의 총을 따라잡기까지 몇십 년이 필요하다면, 전염병에 맞설 면역 시스템을 DNA에 새기려면 몇 백 년이 필요하다. 유럽인과 결혼해 몇 세대에 걸쳐 유전자를 교환하고, 그 사이에 질병을 앓고 이겨내며 항체를 만들고 그것을 다음 세대로 전달하려면 몇백 년으로는 부족할 수도 있다. 그런데 그런 시간을 가져보기도 전에 유럽인들은 세균과 바이러스를 원주민들 사이에 마구 뿌려대며 정복 전쟁을 벌였다.

당시 유럽인들은 걸어다니는 생물학무기나 마찬가지였다. 특히

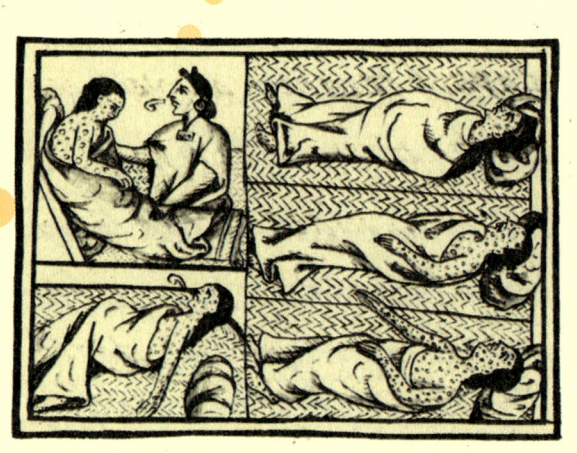

▶멕시코 정복을 다룬 고문서에 실린 삽화. 천연두에 감염된 멕시코 원주민을 묘사하고 있다.

전염력과 치사율이 높은 천연두바이러스의 위력이 무시무시해 유럽인들이 들어온 지 2세대 만에 원주민 대다수가 이 바이러스를 이겨내지 못하고 죽음으로 내몰렸다. 온몸에 발진이 돋고 내장이 녹아드는 고통을 느끼며 죽어갈 때까지 원주민들의 면역 시스템은 아무런 저항도 하지 못했다. 환자의 90퍼센트가 사망했고, 마을 전체가 몰살당하는 경우도 많았다.

스페인과 포르투갈이 남미의 멕시코, 페루, 브라질을 점령할 때 그 어떤 무기보다 큰 역할을 한 것도 천연두바이러스였다. 1516년 천연두가 처음으로 히스파니올라 섬에서 발생했을 때 대략 800만 명이었던 원주민 인구가 나중에는 2,000명 정도로 줄었다고 한다. 그 외에도 역사가들은 아스텍제국과 잉카제국의 멸망 원인 역시 유럽군이 아니라 그들이 가져온 천연두바이러스로 보고 있다.

스페인 군대가 아스텍제국을 처음 침략했을 때 그들은 강력한 아스텍 군대에 밀려 도시 밖으로 퇴각해야 했다. 그런데 당시 스페인 군대 안에 천연두바이러스에 감염된 사람이 있었고, 그가 아스텍제국에 남긴 바이러스가 어떤 특공대보다 강력한 무기 역할을 했다. 몇 달 후 스페인 군대가 다시 침공하러 갔을 때 아스텍 군대는 천연두바이러스의 공격을 받고 거의 몰살당한 상태였다. 이후 잉카제국으로 쳐들어갔을 때도 이미 천연두가 먼저 잠입해 인구의 4분의 1이 사망한 상태였다. 잉카 사람들은 갑자기 닥친 재앙 앞에서 심리적으로 위축되어 있었다. 게다가 스페인 군대가 마법을 부려 질병을 퍼뜨렸다고 믿었기 때문에 그들에게 맞서 싸울 힘도 용기도 이미 바닥나 있었다. 심지어 프랑스 군대와 영국 군대가 북아메리카 대륙을 정복하러 나섰을 때에도 천연두가 먼저 들어가 원주민들을 거의 죽인 뒤였다.

천연두바이러스 덕분에 손쉽게 신대륙의 정복자가 될 수 있었던 유럽인들은 뜻하지 않은 문제에 맞닥뜨렸다. 기껏 식민지를 개척해 물자를 수탈했는데 일할 사람들이 다 죽어버린 것이다. 어디선가 부족한 노동력을 보충해야 했기에 결국 그들은 아프리카 대륙에서 흑인 노예들을 실어오기 시작했다. 오늘날의 인종차별은 천연두바이러스의 무차별적인 공격으로 아메리카 대륙 원주민들이 몰살당한 그 순간부터 싹을 틔우고 있었다.

유럽인들이 천연두바이러스 덕분에 아메리카 대륙을 손쉽게 정복했지만, 그들 역시 이 바이러스로부터 완전히 자유롭지는 못했다. 앞에서도 말했지만 천연두바이러스는 기원전 12세기부터 사람들을 괴롭혀왔고, 유럽 대륙에서 풍토병으로 자리 잡은 뒤에도 주기적으로 대유행을 일으켜 많은 피해자를 냈다. 아시아나 아프리카 대륙에서도 수많은 사람이 천연두의 공격으로 목숨을 잃었다. 그 사이에 인류는 천연두바이러스를 박멸하기 위해 끊임없이 노력했고, 마침내 1796년 영국의 에드워드 제너가 천연두 백신을 개발하기에 이르렀다. 나아가 효과가 더 좋은 다양한 천연두 백신이 개발되고 세계적으로 백신 접종 캠페인이 벌어진 후에야, 오직 인간을 숙주로 삼았던 천연두바이러스는 사라져갔다.

아프리카를 지키고 노예를 해방한 황열병바이러스

천연두바이러스는 유럽인들이 아메리카 대륙의 새로운 주인이 되는 데 큰 도움을 주었다. 수천 년간 독자적인 문명을 유지하던 원주민 제국들은 하루아침에 무너졌다. 이때 바이러스는 아메리카 대륙의 원주민들에게 불공평한 정복군이 되어 유럽인의 편만 들어준 것처럼 보인다. 하지만 다른 바이러스를 추적해보면, 이번에는 유럽인들이 좀 억울해진다. 그 바이러스가 많은 유럽인을 희생시키면서 아프리카 대륙을 지키고 노예를 해방하는 데 큰 도움을 주었기 때문이다. 이 이야기의 주인공은 황열병바이러스이다.

황열병의 원인은 이집트숲모기가 옮기는 아르보바이러스이다. 이 바이러스의 숙주인 모기가 사람을 물 때 모기의 침 속에 있던 바이러스가 혈액 속으로 들어와 인간 세포를 감염시킨다. 황열병바이러스를 지닌 모기는 주로 아프리카 대륙에 살았지만 흑인 노예들이 아메리카 대륙으로 실려올 때 함께 건너왔고, 아메리카 대륙을 오가는 유럽인들을 거쳐 유럽 대륙으로 건너갔다.

황열병바이러스에 감염되면 3~6일 정도의 잠복기를 거친 뒤 독감과 비슷한 증상이 나타난다. 발열, 오한, 두통, 근육통, 구토 등의 증세를 보이다가 3~4일 후 회복되거나 증상이 더 심해질 수도 있다. 면역력이 떨어지거나 제대로 치료를 받지 못한 15퍼센트 정도의 환자들은 피부가 누렇게 변하는 황달과 몸의 여러 기관에서 출혈을 보인다. 황열병이란 이름은 온몸이 노래지면서 열이 난다고 해서 생긴 것이고, 이런 환자들의 절반 정도는 보름도 안 되어 죽음에 이르고 만다.

황열병은 서부 아프리카 지방의 풍토병이었다. 따라서 이 바이러스와 오랫동안 함께해온 아프리카 사람들은 황열병에 걸리더라도 사망하는 일이 거의 없었고, 대부분 평생 면역이 생겨 다시는 황열병으로 고통당하지 않았다.

황열병은 천연두와 마찬가지로 역사적으로 아주 중요한 역할을 했다. 전 세계적으로 대유행을 일으키지는 않았지만, 한 지역이나 대륙에 걸쳐 빠르게 확산하면서 신대륙에서 노예제도를 몰아내는 데 기여한 것이다. 어찌 보면 웬만한 팬데믹보다 세계사에 끼친 영향이 컸다고 할 수 있다.

16세기에 접어들면서 유럽은 천연두바이러스의 도움을 받으며 아스텍제국과 잉카제국 그리고 카리브해의 여러 섬들을 정복했다.

유럽인들은 신대륙에서 금과 은, 설탕, 향신료, 온갖 농작물을 수탈하는 데 혈안이 되었다. 그런데 일을 할 원주민들 대부분이 죽어 노동력이 부족해지자 아프리카에서 흑인 노예들을 실어오기 시작했다. 유럽인들은 아프리카인들을 같은 인간으로 생각하지 않고 채찍으로 때려가며 짐승처럼 부렸다.

이처럼 만행을 멈추지 않던 유럽인들의 끝없는 탐욕과 잔인함에 찬물을 끼얹는 일이 벌어졌다. 황열병이 번지면서 유럽인들만 대규모로 죽어가기 시작한 것이다. 초기에 대규모 황열병 피해를 입은 영국령 바베이도스섬에서는 1647년부터 1690년 사이에 1만 명이 넘는 희생자가 나왔다. 이후 황열병은 이웃 지역으로 번져갔는데, 이상하게도 흑인 노예들은 거의 피해를 입지 않았다. 온몸이 누렇게 변하며 죽어가는 것은 유럽인들뿐이었다. 황열병바이러스에 면역이 없었던 유럽인들은 거의 떼죽음을 당하다시피 했다. 그리고 흑인들은 이러한 혼란을 틈타 백인 관리자들에 대항해 곳곳에서 반란을 일으켰다.

1802년 나폴레옹은 중남미에서 가장 많은 물자가 쏟아져 나오는 아이티를 완전히 독점하기 위해 대규모 군대를 파병했다. 당시 아이티에서는 주변 여러 나라를 더한 것보다 더 많은 양의 설탕이 생산되고 있었다. 게다가 산지가 많고 땅이 비옥해 커피도 많이 생산되었다. 18세기 유럽에서 소비되는 커피의 60퍼센트가 아이티산이라는 말이 돌 정도였다. 이렇다 보니 프랑스가 아이티를 이용해 벌어들이는 수익은 상당했다. 나폴레옹은 프랑스 정예군을 파병해 아이티 종신총독이 되어 이 땅을 확실하게 독점하려 했다.

하지만 이미 아이티에 황열병이 번져 흑인 노예들의 수가 백인 주인들보다 월등하게 많아진 상황이었다. 게다가 백인들은 여전히 황열병을 이기지 못해 죽어나갔고, 흑인들은 가혹한 조건 아래에서도 끈질기게 수를 늘리고 있었다. 1791년 아이티의 노예들이 일으킨 아이티 혁명으로 농장은 불에 탔고, 그동안 노예들을 짐승처럼 부리던 백인들은 처형당했다. 물론 아이티에서 이익을 가져가던 백인 농장주, 프랑스군, 영국군, 스페인군도 가만히 있지 않고 노예들을 진압했지만 여기에 노예가 아니었던 흑인까지 가세해 서로의 이권을 챙기기 위한 진흙탕 싸움이 벌어졌다.

프랑스의 새 통치자가 된 나폴레옹은 이런 상황을 정리해야겠다는 생각에 1802년 '모든 흑인을 죽이고 다시 시작하자!'라는 구호를 외치며 대규모 상륙 작전을 펼쳤다. 프랑스 군은 반기를 든 흑인 노예들부터 잔인하게 학살하며 기선을 제압했다. 그런데 그 기세는 프랑스 군사들 사이에 황열병바이러스가 돌면서 곧 꺾이고 말았다. 군사들 중 한두 명이 황열병 증상을 보이는가 싶더니 며칠 지나지 않아 여기저기서 환자가 속출했고, 결국 5만 명이 몰살되고 겨우 3,000명이 살아남는 끔찍한 결과로 이어졌다.

나폴레옹은 그나마 살아남은 3,000명이라도 지키지 않으면 자신의 정권이 위기에 몰릴 수 있다고 판단하고 신대륙에서 철수했다. 강력한 프랑스 군마저 두 손 들고 나가자 이제 아이티는 반란군인 흑인 노예들의 손에 들어갔다. 원주민이 천연두바이러스로 몰살당한 이 땅에 아프리카 출신 사람들이 나라를 세운 것이다. 그렇게 아이티는 1804년에, 해방된 노예가 세운 최초의 자유공화국으로 재탄생했다.

나폴레옹은 아이티 침공 실패로 큰 타격을 받았다. 1803년에는 북아메리카 대륙으로 식민지를 팽창하려던 계획마저 포기했다. 그리고 오늘날의 루이지애나주를 지나 캐나다에 이르는 거대한 프랑스 영토를 미국에 헐값으로 팔아넘겼다. 이 일을 계기로 미국은 영토가 두 배로 넓어졌고 서부 개척 시대를 열어 아메리카 대륙의 패권 국가가 될 발판을 마련했다.

황열병바이러스는 신대륙으로 끌려온 흑인 노예들에게 해방을 안겨주기 이전부터 이미 흑인 친화적이었다. 15세기 즈음부터 유럽은 황금이 많이 난다고 알려진 서아프리카 지역을 넘보고 있었다. 그래서 온몸을 황금 장신구로 치장하고 다니는 부족들이 사는 땅에 '황금 해안'이라는 별명을 붙이고 점령군을 보냈다. 가장 먼저 깃발을 꽂은 나라는 포르투갈이었고, 이후 영국과 프랑스 등 유럽 여러 나라 군대가 들어와 싸움을 벌였다. 하지만 그렇게 각축전을 벌이는 몇 세기 동안 유럽 어느 나라도 서아프리카 지역에 제대로 발을 붙이지 못했다. 황열병바이러스 때문이었다.

당시 사람들은 이 병이 모기에 물리면 발생한다는 것도 몰랐고, 그 원인이 바이러스 때문이라고는 상상도 못 했다. 아프리카 땅에 발을 들여놓자마자 알 수 없는 질병으로 사람들이 죽어나가면서 서아프리카의 별명이 '황금 해안'에서 '백인의 무덤'으로 바뀌었다. 이 분위기는 19세기가 될 때까지 이어져 유럽에서는 군사들 대신 범죄자들을 아프리카로 파병 보내기도 했다. 누구도 이 죽음의 땅으로 가기를 꺼렸기에 서아프리카의 땅은 탐욕스러운 유럽인들에게 수탈당하지 않을 수 있었다.

이 땅에서 노동력이라도 빼내 부를 쌓으려던 자들에게도 바이러스가 선물한 죽음의 복수전이 펼쳐졌다. 노예로 삼을 흑인들과 함께 건너온 황열병바이러스가 신대륙의 유럽인들을 죽음으로 내몰았으니, 그런 의미에서 황열병바이러스는 아프리카 사람들에게는 고마운 존재라 할 수 있다.

1937년 미국 의학자 막스 타일러가 백신을 개발하면서 황열병은 예방할 수 있는 질병이 되었지만, 19세기에는 그 누구도 손쓸 수 없는 위력으로 아메리카 대륙의 패권 질서를 새롭게 재편했다.

이 이야기는 전염병이 한 지역의 권력 구도뿐만 아니라 세계적인 경제질서도 바꿀 수 있음을 보여준 사례이기도 하다.

국제질서를 재편한 인플루엔자바이러스

　1914년, 제1차 세계대전의 발발로 땅과 바다, 하늘을 가리지 않는 공격이 시작되었다. 전투기, 대포, 기관총, 잠수함, 독가스 등이 총동원된 무자비한 공격이 지나간 자리에서 살아남는 것 자체가 큰 행운일 정도였다. 그런데 제1차 세계대전이 막바지로 치달을 즈음 인류는 역사상 유례없는 참사와 마주해야 했다. 어찌 보면 전쟁보다 더 무서운 재앙이었다. 그 재앙에서 살아남으려면 전쟁에서 살아남는 행운보다 더 큰 기적이 필요했다. 그 재앙의 이름은 바로 '스페인독감'이다.

　통계자료에 의하면, 전쟁으로 죽은 군사 수와 스페인독감으로 죽은 군사 수가 비슷할 정도로 스페인독감을 일으킨 인플루엔자바이러스의 위력은 대단했다. 여기에 민간인 희생자까지 합하면 스페인독감이 기승을 부린 1년 반 정도 사이에 인플루엔자바이러스로 인한 사망자 수는 5,000만 명에서 최대 1억 명으로 추정된다. 이는 전사자 수 1,800만 명을 훨씬 웃도는 수치이다.

　스페인독감바이러스는 역사상 가장 치명적인 바이러스다. 이 바이러스는 제1차 세계대전의 막바지 한 해 동안 참전한 군사들을 휩쓸고 지나갔다. 게다가 이 군사들이 고향으로 돌아가면서 바이러스가 세계 곳곳으로 번져 무수한 사망자를 냈다. 당시 세계 인구의 30

퍼센트에 가까운 5억 명이 이 바이러스에 감염된 것으로 추정되지만, 실제 감염자 수는 그보다 훨씬 많을 것으로 보인다.

일제 강점기였던 우리나라에서도 당시 756만 명이 스페인독감에 감염되어 14만 명이 사망했다는 일본 정부의 자료가 있다. 집계되지 않은 사망자는 훨씬 많을 것으로 추정된다. 1918년 바이러스 유행이 절정에 이르렀을 때 우리나라의 학교들도 대부분 휴교했고, 피해가 컸던 충청도 지역에서는 추수할 사람이 없어 잘 영근 곡식이 들판에 버려졌다고 한다. 이런 피해는 역병을 제대로 막지 못한 무능한 일제 정부에 대한 불만을 높였고, 이 불만은 이듬해인 1919년에 삼일운동에서 폭발했다.

제1차 세계대전 막바지 해인 1918년부터 1920년 사이에 전 세계적인 팬데믹을 일으킨 스페인독감바이러스의 정확한 이름은 H1N1 바이러스로, 인플루엔자 A형 바이러스의 일종이다. 인플루엔자바이러스의 세계적인 전파는 16세기 후반 아시아 지역에서 시작된 것으로 보인다. 인구가 밀집된 아시아의 농촌에서는 닭이나 오리 같은 가금류와 돼지를 같이 키우는 경우가 많았는데, 조류를 감염시키는 바이러스가 돼지를 거쳐 인간을 감염시키는 바이러스로 유전자 재조합을 일으킬 경우 치명적인 독성을 띠게 된다. 이렇게 치명적인 독성으로 무장한 인플루엔자바이러스는 20세기 초 제1차 세계대전이 일어날 때까지 이미 몇 번이나 세계 곳곳에서 유행병을 일으킨 기록이 있다.

인플루엔자라는 이름은 라틴어 '인플루엔자(*influenza*)'에서 온 것이다. 뜻은 '영향을 끼치다'로, 이 바이러스의 영향력이 이름에서도 느껴진다. 인플루엔자바이러스는 변이를 통해 인간이 면역을 가지지 않은 새로운 유전체로 무장하고 나타나면 급속하게 번지면서 그때마다 팬데믹을 일으켰다. 신종독감이니 신종플루니 하는 것들 모두 인플루엔자바이러스의 변이로 인한 것이다.

인플루엔자바이러스에 감염되면 처음에는 열이 나고 목이 아프면서 온몸이 무기력해지는 등 감기와 비슷한 증상을 보인다. 이런 증상 때문에 처음에는 감기와 착각하기 쉽다. 하지만 감기와 달리 콧물이나 기침보다는 점차 근육통, 두통처럼 전신증상이 심해지고 갑작스러운 고열에 시달린다. 스페인독감의 경우 많은 환자가 폐를 피거품으로 가득 채우는 치명적인 폐렴을 앓았다. 그리고 기존의 독감이 영유아나 고령자에게 치명적이었다면, 스페인독감은 전쟁터에 나간 청년들에게 가장 치명적이었다. 제1차 세계대전에서 사망한 10만 명의 군사들 중 4만 3,000명이 스페인독감으로 죽었다는 통계가 있을 정도다. 스페인독감에서 어렵게 회복된 환자들 중에는 신경계가 손상되어 정신의학적인 후유증을 앓는 경우도 많았다.

20세기 초 전쟁과 함께 전 세계로 번진 인플루엔자바이러스 감염증을 스페인독감이라 이름 붙인 이유는 무엇일까? 그 이름 때문에 이 유행병이 스페인에서 시작된 것으로 추측하는 사람들이 많은 데, 사실은 아니다. 당시 미국을 비롯한 세계대전 참전국들은 자국에서 독감 환자가 속출한다는 소식이 새어나가지 못하도록 통제했다. 그 사실이 적에게 알려지면 어떤 빌미라도 될까 두려웠기 때문이다. 하지만 중립국이어서 언론 검열이 없었던 스페인에서는 사정이 달랐다. 1918년 독감 환자가 속출하고 국왕 알폰소 13세까지 감염되자 언론에서 이 사실을 집중 보도하기 시작했다. 미국과 유럽의 언론이 조용한 가운데 유독 스페인 언론만 독감을 연일 특집 기사로 다루자, 마치 스페인에서 팬데믹이 시작된 듯한 오해를 사게 된 것이다. 그 결과 '스페인독감'이란 이름까지 생겼으니, 세계적인 유행병을 널리 알려 대책을 세우도록 기여한 스페인 입장에서는 조금 억울한 일이다.

스페인독감 유행이 최초로 보고된 곳은 1918년 3월 미국 캔자스주 해스켈 카운티였다. 이 병에 걸린 환자들은 사흘 동안 열, 오한, 근육통, 인후통에 시달리는 정도에 그쳤기 때문에 그다지 심각한 사회현상으로 받아들여지지 않았다. 당시 해스켈 카운티는 인구 4,200여 명이 사는 작은 마을이었다. 만일 이때 미국이 세계대전에 참전하지만 않았다면 이 유행병은 지역사회 전파 정도로 그쳤을지도 모른다. 하지만 독일 정부가 멕시코 정부를 자극해 미국과 전쟁을 일으키려 한다는 첩보가 들어오면서 미국 정부는 발칵 뒤집어졌다. 그리고 그때까지 한발 물러서 있던 태도를 바꾸어 연합군의 편에 서서 군대를 파견하기로 결정했다.

해스켈 카운티에는 거대한 군사 훈련 기지가 있었다. 전쟁을 앞둔 군사들은 이곳에서 수용 인원을 초과한 상태로 밀집된 생활을 했고, 기침을 하며 인플루엔자바이러스를 퍼뜨렸다. 병력 이동도 잦아 바이러스를 전파하기에 좋은 조건을 갖추고 있었다. 미군이 참전을 선포하고 유럽 대륙으로 건너가자 인플루엔자바이러스는 같은 연합군인 영국군과 프랑스군에게로 퍼져갔다. 연합군이 파견되거나 연합군과 싸운 곳에서는 민간인도 적군도 이 바이러스에 감염되었다. 미군이 합류한 지 불과 몇 달 사이에 인플루엔자로 죽은 군사 수만 무려 37만 명이라는 통계자료가 있다.

독일군은 처음에 이런 상황을 자국에게 유리하게 해석했지만, 그 기쁨도 잠시였다. 바이러스에 약하기로는 독일군도 마찬가지였고, 독감으로 쓰러지는 군사들이 늘어나면서 전세도 기울기 시작했다. 적의 진격을 막기 위해 참호를 파고 장기전으로 돌입한 것이 오히려 팬데믹을 키우는 계기가 되었다. 군사들은 영양실조에 걸린 몸으로 참호를 파는 중노동을 했고, 참호 안은 오물과 부패한 시신으로 가득 찼다. 이런 환경에서 인플루엔자에 감염되면 죽지 않고 살아나는 것이 이상할 정도였다.

게다가 미군을 파견한 뒤에 미국인들이 보여준 행동은 붙는 불에 기름을 끼얹은 꼴이 되었다. 애국심이 넘치는 미국인들은 전쟁 비용을 모으자며 영화배우를 동원해 퍼레이드 행사를 벌였다. 퍼레이드가 전국을 도는 동안 주요 도시로 인플루엔자바이러스가 퍼졌고, 이제 바이러스는 전 국민을 위협하게 되었다.

당시는 스탠리가 전자현미경을 이용해 최초로 바이러스를 발견 (1935)하기 전이었으므로 사람들은 전염병의 원인이 바이러스라는 것도 모른 채 여전히 모여서 함께 식사하며 이야기를 나누었다. 심지어 좁은 공간에서 기침이나 재채기를 하고 반갑다며 키스를 했다. 인플루엔자바이러스는 사람들의 무심한 생활습관을 타고 빠르게 번져 갔다. 도시마다 의료진이 부족해졌고, 시체 안치소에는 부패한 시신이 겹겹이 쌓였다. 어떤 도시에서는 장례를 치를 인력이나 장소가 모자라 유족들이 죽은 가족의 무덤을 직접 파야 했다.

불과 몇 달 사이에 스페인독감은 유럽 대륙과 아시아를 거치면서 팬데믹으로 번졌다. 그 사이에 바이러스는 더욱 독해졌고, 마치 마른 숲에 번지는 불길처럼 걷잡을 수 없는 속도로 도시와 마을을 초토화시켰다. 알래스카처럼 고립된 지역에서는 주민들이 모두 죽어 마을이 사라지는 일도 있었다. 이때부터 정부는 시민들에게 의무적으로 마스크를 쓰도록 강요했다.

이런 위급한 상황에서도 1919년 11월 11일 전쟁이 끝나자 이를 축하하기 위해 마스크를 쓴 수만 명의 시민들이 한데 모여 깃발을 흔들며 춤을 추었다. 감염은 계속되었고, 신분이나 지위도 스페인 독감을 막지 못했다. 스페인 국왕 알폰소 13세를 비롯해 미국 대통령 우드로 윌슨, 영국 총리 데이비드 로이드 조지, 독일 황제 빌헬름 2세 등 세계적인 지도자들도 이 바이러스에 감염되어 심하게 앓았다. 구스타프 클림트나 에곤 실레 같은 화가들, 막스 베버 같은 철학자들도 이 바이러스에 감염되어 결국 사망했다.

하지만 어떤 팬데믹도 영원하지 않다. 많은 숙주들에게 항체가 생기거나 숙주가 전멸해 버리면 바이러스도 더 이상 발붙일 곳이 없어져 증식하지 못한다. 스페인독감을 일으킨 인플루엔자바이러스는 확산세가 빨랐던 만큼 바이러스 감염에서 살아남아 항체를 보유한 사람들의 증가 속도도 빨랐다. 어느새 전염병 증가세는 꺾이기 시작했다.

스페인독감의 급작스러운 전파와 폭발적인 사망자 증가, 특히 젊은 군사들의 희생은 제1차 세계대전이 빨리 끝날 수 있는 환경을 만들었다. 스페인독감이 1919년 베르사유조약(제1차 세계대전의 전후 처리를 위한 평화조약)의 체결에 1등 공신 역할을 했다는 말이 있을 정도다. 그리고 이후 전쟁 방지와 배상 문제, 전염병 관리에서도 각국 정부가 협력해야 한다는 인식 아래 세계정부의 필요성이 커졌다.

20세기 최대의 팬데믹인 스페인독감 유행으로 인류는 운명 공동체라는 사실이 드러났다. 이제는 다른 나라에서 발생한 전염병에도

▶ 1918년 11월 19일, 뉴욕주의 육군병원 앞에서 의료진들이 스페인독감을 피하기 위해 마스크를 착용한 모습.

주의를 기울이지 않으면 안 되는 지구촌 사회가 된 것이다. 그 결과 각국 정부의 협력 아래 또 다른 팬데믹 재발을 막기 위한 세계적인 감시망이 구축되었다. 이제 각국 연구소의 과학자들은 매년 유행할 인플루엔자바이러스를 예측하고, 백신을 개발하는 제약회사에 정보를 제공하고 있다.

스페인독감 덕분에 얻게 된 또 하나의 중요한 연구 성과는 최초의 항생제 개발이다. 1930년대에 최초로 전자현미경이 개발되어 바이러스를 관찰하기 전까지는 세균이 독감을 일으킨다는 오해를 받고 있었다. 당시 과학자들은 독감의 원인균을 찾아내려고 연구에 몰두했다. 스코틀랜드 과학자 알렉산더 플레밍도 그들 중 한 명이었다. 1928년 세균 연구에 몰두하던 그는 세균 배양접시를 바깥에 방치하는 실수를 했다. 나중에 보니 배양접시가 푸른곰팡이에 오염되어 있었는데, 곰팡이 주변에 있는 세균이 모두 죽어 있었다. 푸른 곰팡이의 어떤 물질에 살균력이 있음이 분명했다. '페니실린'이라 불리게 된 이 물질은 전장의 군사들을 인플루엔자바이러스로부터 구하지는 못했지만, 군사들이 감염되어 죽어 가는 것을 막아 줄 수는 있었다. 이후 페니실린은 다른 항생제가 개발되는 계기가 되어 인류를 세균 감염으로부터 구해 낸 '기적의 치료제'라는 평가를 받고 있다.

인플루엔자바이러스는 지금도 주기적으로 전 세계적인 유행을 일으키며 사람들을 위협하고 있다. 하지만 세계의 질병통제예방센터들의 감시와 백신 접종의 힘으로 스페인독감만큼 팬데믹이 심각하지는 않다. 유행 때마다 인플루엔자바이러스를 극복하고 면역을 갖게 된 사람들이 늘어나면서 바이러스나 변이 바이러스도 힘을 잃고 사라지고 있다. 가장 최근에는 2021년 5월 28일 중국 장쑤성 전장시에서 한 주민이 인플루엔자바이러스 감염 판정을 받았으나 조류인플루엔자바이러스의 변이로 판명되었고, 다행히 사람들 사이에 쉽게 전염된다는 증거는 없었다.

제1차 세계대전 때 발생해 전쟁 종식에 한몫을 한 스페인독감을 일으킨 인플루엔자바이러스는 결국 국제질서도 재편하고 말았다. 전쟁이 끝나면서 러시아제국이 몰락하고 소비에트연방이 탄생했으며, 오스만제국이 무너지면서 이라크가 세워졌다. 아울러 팬데믹에 대처하려면 국제적인 협력이 필요하다는 인식이 강해지면서 세계정부 결성을 위한 움직임은 더욱 크게 자극받았다.

다만, 전후 자유주의적 국제협력 질서를 구축하려던 미국 대통령 우드로 윌슨은 그 자신도 스페인독감에 걸리는 바람에 제대로 힘을 쓰지 못했다. 윌슨이 거의 사경을 헤매는 동안 베르사유조약이 이상한 쪽으로 흘러가, 패전국 독일에 가혹한 배상금 판결이 났고, 이후 독일은 경제적으로 파탄해 돈을 벽지로 사용할 만큼 화폐가치가 떨어지는 혼란을 겪었다. 이런 혼란 속에서 히틀러가 등장하고 결국 제2차 세계대전이 일어나고 만다. 그리고 제2차 세계대전이 끝나는 1945년에야 국제연합(UN)이 설립되었다. 이로써 스페인독감의 국제적인 후유증도 대단원의 막을 내렸다.

메타버스를 앞당긴 코로나19 바이러스

코로나바이러스가 처음으로 대유행을 일으킨 것은 2002년 사스(SARS, 중증급성호흡기증후군)가 발생했을 때다. 1960년대 중반부터 조류, 포유류를 주로 감염시키는 것으로 알려진 이 바이러스는 지금까지 몇 차례나 국제적인 감염병을 일으켰다. 그중에서도 이 바이러스의 변이로 2019년 말에 발생해 세계적인 팬데믹을 일으킨 코로나19는 그 여파가 여전히 진행 중이다.

코로나바이러스는 인플루엔자바이러스처럼 RNA를 유전체로 갖는다. 유전체가 한 가닥 염기서열로 이루어진 RNA 바이러스는 두 가닥 염기서열로 이루어진 DNA를 유전체로 갖는 바이러스보다 변이를 잘 일으킨다. 유전체를 일부 끊어 내고 다른 유전체를 가져다 붙이기 쉽기 때문이다. 원래 동물만 감염시키던 코로나바이러스가 사람을 감염시키게 된 것도 같은 이유이다.

이런 바이러스들은 계속 변이를 일으켜서 숙주를 바꿔 가며 끈질기게 살아남기 때문에 박멸하기가 어렵다. 어떤 코로나바이러스가 유행병을 일으켰을 때 많은 사람이 백신을 맞거나 감염되어 항체를 가지면 바이러스는 더 이상 발붙일 숙주가 없어져 잠시 사라진 것처럼 보인다. 하지만 몇 년 후 이 바이러스는 항체가 자신을 알아보지 못하도록 변이를 일으켜 되돌아온다. 간혹 이렇게 되돌아온 바이러스의 독성과 전염성이 치명적이면 숙주들은 다시 큰 피해를 입고 만다. 코로나바이러스는 변이가 빠르고 숙주를 잘 옮겨 다니기 때문에 몇 년을 주기로 또 다른 신종 코로나바이러스가 되어 나타날 수 있는 것이다.

코로나바이러스 본체인 RNA는 3만 개에 이르는 염기가 나란히 배열돼 한 가닥을 이루고 있다. 유전체의 양만 놓고 보면 HIV보다 3배나 많다. 이것은 코로나바이러스가 진화해 온 역사가 길기 때문인데 그만큼 유전자 구조가 복잡하고, 환경에 적응해 쉽게 변이를 일으킬 수 있다는 의미다. 보통 코로나바이러스는 인간 숙주 한 명을 거칠 때마다 1~2퍼센트 변이를 일으킨다. 몇 명의 숙주를 거치면 변이 정도가 커져서 이미 이 바이러스에 감염되어 항체를 가진 사람도 새로운 변이 바이러스에 다시 감염될 수 있다.

2002년 사스가 대유행하기 전만 해도 코로나바이러스는 사람을 감염시키지 않는 바이러스로 알려져 관련 연구자도, 연구 예산도 적었다. 그래서 갑자기 사스 코로나바이러스(SARS-CoV)가 퍼지기 시작했을 때는 병의 원인을 밝혀내기 쉽지 않았고 그만큼 대응도 늦어 피해가 컸다.

사스 코로나바이러스 감염은 2002년 중국 포산시에서 시작된 것으로 추정된다. 박쥐에게 있던 코로나바이러스가 사향고양이나 닭 같은 중간 숙주를 거쳐 마지막에는 최상위 포식자인 사람을 감염시켰다. 이후 포산시 이외의 다른 지역에서도 뱀, 여우, 사향고양이를 조리한 요리사들이 사스 코로나바이러스에 감염되었고, 이들을 치료하거나 이송한 의료진들도 줄줄이 감염되었다. 2003년에 이 바이러스는 홍콩으로 옮아갔고, 이후 노약자나 기저질환자처럼 면역 체계가 망가져 고농도의 바이러스를 보유한 슈퍼전파자들이 생겨나 수십 명에게 연쇄적으로 바이러스를 옮기기도 했다. 홍콩의 한 아파트 단지에서는 환자의 배설물에서 나온 에어로졸이 화장실 환기통을 타고 옮겨 가 환자와 접촉하지 않은 사람들을 300여 명이나 감염시킨 일도 있었다. 이후 사스는 미국, 캐나다, 베트남 등지로 번진 뒤 가라앉을 때까지 7개월 동안 28개국에서 수천 명을 감염시키고 770명의 사망자를 냈다. 치사율이 9.5퍼센트나 되어 발생 지역 사람들을 공포로 몰아넣은, 코로나바이러스 최초의 팬데믹이었다.

사스 이후 한동안 코로나바이러스 감염은 수그러들었다. 그런데 2012년 사우디아라비아에서 심각한 호흡기 질환으로 사망한 60대 환자에게서 다시 코로나바이러스가 발견되었다. 이번 바이러스 역시 박쥐 몸에 사는 코로나바이러스의 일종으로, 2003년 팬데믹을 일으킨 사스 코로나바이러스와 비슷했다. 낙타 젖을 마시는 중동 지역에서 주로 발생한 것으로 보아 박쥐 몸에서 살던 바이러스가 낙타에게 옮아 갔다가 다시 사람에게 전파된 것으로 추정되었다.

이 바이러스 감염증의 공식 이름은 발병 지역을 반영한 '중동호흡기증후군', 즉 메르스(MERS, Middle East Respiratory Syndrome)이다. 스페인독감 이후 병명에 발생 지역의 이름을 붙이는 것을 지양하고 있지만, 메르스 코로나바이러스(MERS-CoV)는 워낙 중동 지역에서 집중적으로 유행한 데다 지금은 중동 지역의 풍토병으로 자리잡아 해마다 봄철이면 유행하고 있기 때문에 이름에 지역명을 반영했다. 중동 사람들은 메르스 코로나바이러스의 중간 숙주인 낙타와 함께 생활하는 경우가 많아 이 바이러스로부터 완전히 벗어나기는 힘들 것으로 보인다.

메르스가 가라앉고 2019년 이전까지 코로나바이러스는 잠잠했다. 그런데 2019년 12월 무렵 중국 우한 지방에서 원인을 알 수 없는 폐렴이 유행했다. 코로나바이러스가 다시 우리 앞에 나타난 것이다. 이 바이러스 역시 메르스와 마찬가지로 사스 코로나바이러스의 변이로, 정확한 명칭은 사스-코브-2(SARS-CoV-2) 바이러스이다. 지름이 약 80~100나노미터로 지질막과 단백질로 만들어진 껍질 안에 RNA가 한 가닥 들어 있다. 이 유행병은 발생 초기에는 우한폐렴이라 불렸지만, 중국 측의 강력한 반발로 코비드19(COVID-19) 혹은 코로나19로 불리게 되었다.

코로나19 팬데믹은 흔히 인포데믹(infordemic)으로도 불린다. 인포데믹은 정보를 뜻하는 '인포메이션(information)'과 그리스어로 사람을 뜻하는 '데믹(demic)'을 합쳐서 만든 말로, 코로나19 팬데믹 초기에 가짜와 진짜가 마구 섞인 정보의 홍수 속에서 사람들이 올바른 정보를 알기 어려워진 상황을 의미한다. 팬데믹 사상 처음으로 SNS로 코로나19에 관한 정보나 피해 영상을 앞다투어 공유하면서 가짜 정보가 사람들을 패닉에 빠뜨렸다. 패닉의 원인은 죽음과 질병에 대한 두려움이 전부가 아니었다. 공장들이 멈춘 상태에서 두려움에 빠진 사람들이 생필품을 사재기하는 바람에 대형 마트나 슈퍼마켓에서 휴지나 생수가 동나는 일이 비일비재했다. 거리에서 사람을 볼 수 없는 도시도 있었고, 정해진 날에 마스크를 사기 위해 약국 앞에서 줄지어 서 있는 기이한 경험도 해야 했다.

사람들을 이토록 심각한 공포에 빠뜨린 코로나19 바이러스는 둥근 알갱이 모양을 하고 있다. '코로나'라는 이름이 붙은 이유는 겉모습 때문이다. 이 바이러스의 둥근 입자를 둘러싼 막에는 곤봉 모양으로 늘어선 돌기들이 붙어 있는데, 이 돌기들이 뾰족뾰족 솟아 있는 모습이 왕관과 비슷하다고 해서 붙여진 것이다. '코로나'는 라틴어로 '왕관'이란 뜻이다. 또 둥근 바이러스 껍질 주변에 돌기가 솟은

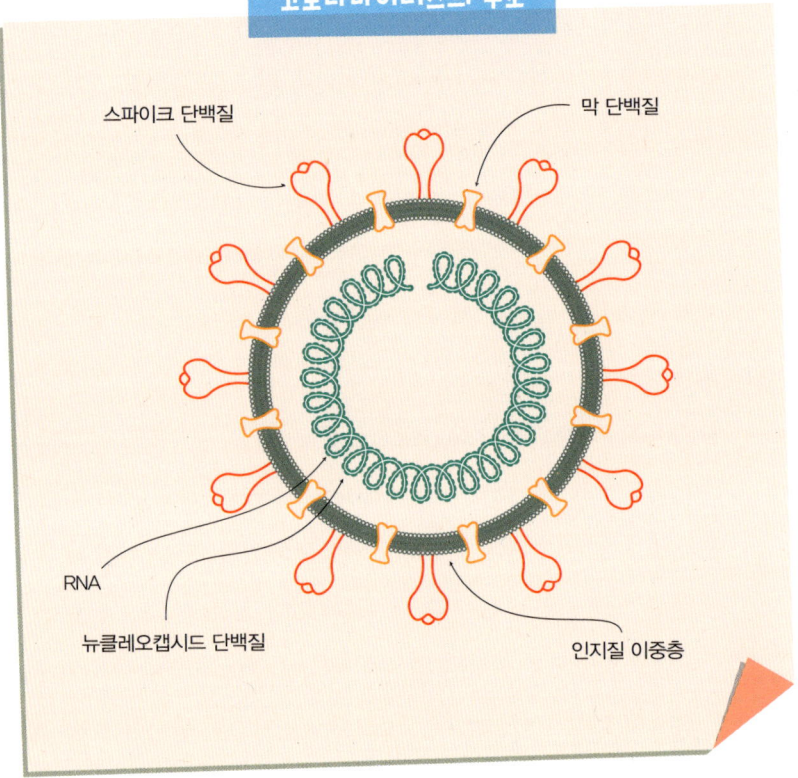

스파이크 단백질

막 단백질

RNA

뉴클레오캡시드 단백질

인지질 이중층

148

모습이 태양의 코로나와 비슷하다고 해서 붙여진 이름이기도 하다.

코로나바이러스의 주요 숙주는 박쥐이다. 사스, 메르스, 코로나 19를 일으킨 바이러스들 모두 최초 단계에는 야생 박쥐의 몸 안에 있었던 것으로 보인다. 그중에서도 코로나19 바이러스는 메르스 코로나바이러스보다 사스 코로나바이러스의 유전체와 염기서열이 더 비슷하다.

박쥐는 지구에 사는 포유동물 중 4분의 1을 차지하며, 남극을 제외한 어디서나 살고 있다. 포유류 중 유일하게 날아다니고 몸집이 작으며, 20~40년이나 산다. 주요 서식처는 마을이나 농장 근처이지만, 야행성이라 사람들 눈에 잘 띄지 않는다. 몸속에 수많은 바이러스가 있는데, 박쥐의 몸에서 500가지 바이러스를 찾아냈다는 연구 결과도 있다.

박쥐는 하늘을 날면서 바이러스를 퍼뜨리고 배설물로도 바이러스를 전파한다. 만일 사람이 박쥐를 음식으로 먹으면 더 쉽게 감염될 수 있고, 우한의 수산시장처럼 야생동물을 사고파는 현장에서 박쥐로부터 다른 가금류나 돼지에게 옮아간 바이러스가 사람에게 옮아 오기도 한다. 박쥐를 비롯한 야생동물 거래 과정은 곧 주요 바이러스의 전파 과정이라 할 수 있다.

코로나19 바이러스의 발원지를 중국 우한의 수산시장으로 보는 이유는 초기 환자 대부분이 이곳의 상인이거나 이용객이었고, 이곳에서 야생동물이 거래되기 때문이다. 고슴도치, 뱀, 오소리 등을 그 자리에서 도축해 팔기 때문에 땅이 항상 축축하게 젖어 있는데, 여기에 사람들까지 붐벼 바이러스가 퍼지기 딱 좋은 환경이라 할 수 있다. 게다가 바이러스 폭탄이나 마찬가지인 박쥐를 판다는 소문이 도는 시장이었다. 하지만 코로나19 바이러스의 발원지를 두고는 여전히 논란이 많다. 2019년 12월 초기 코로나19 확진자 중 몇 명은 우한의 수산시장에 다녀온 적이 없었기 때문이다. 이들은 다른 야생동물과도 접촉한 적이 없어 박쥐를 숙주로 하는 코로나19 바이러스에 어떻게 감염되었는지 의문만 남았다.

의심의 눈길은 수산시장 근처에 있는 한 연구소로 쏠렸다. 이 연구소에서는 야생박쥐로부터 채취한 바이러스를 분석하는 연구가 진행 중이었기 때문이다. 혹시 연구 과정에서 어떤 실수로 바이러스가 유출되어 최초 확진자와 초기 감염자가 생겨난 것은 아닐까? 그렇다면 이들을 중심으로 지역민들에게 바이러스가 전파되고, 지역민들은 수산시장을 자주 이용했으므로 이 시장이 코로나19의 발원지라는 오해를 사게 되었을 수도 있다. 어느 쪽이 되었든 야생동물인 박쥐의 몸속에 있던 바이러스가 인간의 몸으로 옮아오면서 문제가 된 것만은 확실하다.

박쥐 외에도 코로나19 바이러스를 인간에게 옮긴 숙주로 의심을 받은 동물이 더 있었다. 바로 천산갑이다. 동남아시아에서 주로 서식하는 이 동물의 몸에서도 코로나19 바이러스의 유전체와 염기서열이 90퍼센트 넘게 일치하는 코로나바이러스가 발견되었기 때문이다. 박쥐든 천산갑이든 환경파괴로 갈 곳을 잃은 야생동물이 인간의 거주지로 들어올 때 문제가 생기고 있다. 세계 곳곳에서 진행되는 도시화와 산업화로 동물 몸속의 바이러스에 변이가 일어나 사람을 감염시킬 가능성이 점점 커지기 때문이다.

사스, 메르스, 코로나19에 감염되면 공통적으로 고열과 기침 증상이 나타나고, 심하면 호흡곤란과 폐렴이 온다. 보통 이들 바이러스는 감염자가 기침이나 재채기를 할 때 생긴 비말을 통해 전파된다. 바이러스에 오염된 물건을 만진 손으로 눈, 코, 입을 만져도 감염되고, 감염자의 배설물에서 나온 에어로졸을 통해서도 옮는다. 특히 코로나19 같은 경우는 마스크를 하지 않고 엘리베이터를 함께 탄 것만으로도 감염될 정도로 전파력이 강하고, 증상이 없는 감염자가 바이러스를 퍼뜨리는 경우도 나왔다.

2002년 출현했던 사스 코로나바이러스는 독성이 강해 숙주를 많이 죽이는 바람에 증식하기 어려웠다. 하지만 2019년에 새롭게 나타난 코로나19 바이러스는 그렇게 독성이 강하지 않아 풍토병으로 자리 잡을 것으로 보인다. 즉 감염력은 매우 강하지만 치사율이 낮은 바이러스이기 때문에 앞으로 오랫동안 인류와 함께 살아남을 가능성이 크다.

독성이 강하지 않은 대신 감염력이 강한 코로나19 바이러스가 팬데믹을 일으키면서 '거리 두기'라는 새로운 문화가 생겨났다. 바이러스의 급속한 전파를 막기 위해 국내에서는 '사회적 거리 두기'가, 국제적으로는 '국가 간 거리 두기'가 강화되었다. 사태 초기에 외국인 유학생들과 사업가들을 본국으로 추방하는 국가도 많았다. 당연히 외국인 입국도 금지되어 공항과 항만은 거의 폐쇄되다시피 했다. 외국에서 들어오는 비행기나 배에 확진자가 생기는 바람에 승객을 한동안 내리지 못하게 한 일도 있었다.

이런 검역과 격리 제도는 몇 세기 전 페스트 팬데믹 때부터 시작된 것이지만, 당시에는 오늘날처럼 언론이 발달하지 않았고 SNS도 없어 이런 사태가 낳은 비인간적인 실상은 알려지지 않았다. 하지만 코로나19 유행 때에는 배에 갇힌 사람들이 '살려 달라'는 메시지를 적어 창밖으로 흔드는 영상이 전 세계로 퍼지면서 거리 두기의 문제점이 그대로 드러났다. 배나 비행기 안에 격리된 사람들은 코로나19 바이러스로 오염된 공간 안에 갇혀 있다는 두려움에 시달려야 했고, 만일 바이러스에 감염되면 제대로 치료받지 못한 채 죽을지도 모른다는 공포를 그대로 감내해야 하는 상황이었다. 그런데 이런 비인간적인 행정 조치에도 불구하고 그들과 거리 두기를 해서는 안 된다고 나서는 사람들은 거의 없었다. 사람들 사이에서 바이러스 전파를 막는 가장 확실한 방법은 서로 접촉하지 않는 것임을 잘 알기 때문이었다.

　이런 이유로 코로나19 확진자 중에는 가족의 얼굴도 보지 못한 채 죽어간 환자들도 많았다. 임종을 지키고 장례식을 치러야 할 가족들이 감염되어 각자 다른 격리 시설에 흩어져 있는가 하면, 확진자 면회가 금지되는 바람에 감염되지 않은 가족들은 치료 시설로 간 가족이 완치되어 집으로 돌아올 때까지 기다리는 것 말고는 할 수 있는 게 아무것도 없었다. 결혼식, 장례식, 제사와 같은 행사는 가족이 모여서 치러야 하는 일이었기 때문에 대부분 생략되거나 미뤄졌다. '나라에서도 막지 못한 일을 코로나19가 막았다'라는 말이 나올 정도로 사람들 사이의 거리 두기는 절실했다.

　코로나19 사태는 4차 산업혁명과 맞물려 비대면 사회를 열었다. 초고속 인터넷통신망과 발달된 IT 기기를 활용해 수업, 회의, 진료, 쇼핑 등을 사람들과 만나지 않고 할 수 있게 되었다. 코로나19 유행 전에는 IT 기반이 갖춰졌어도 대면하지 않는 것에 대한 거부감이 컸다. 하지만 거리 두기를 반드시 해야 하는 상황이 되면서 이에 대한 시각도 달라졌다. 대표적인 예가 20여 년간 논쟁거리가 되어 온 원격진료다. 그동안 의사들은 원격진료가 부실 진료를 낳을 것이라고 걱정했다. 하지만 한시적 비대면 진료를 허용한 후 8주 동안 10만 건이 넘는 원격진료가 무리 없이 이루어졌고, 간단한 증상에 대한 비대면 진료와 온라인 처방은 환자의 시간이나 비용 부담을 훨씬 줄여 주었다. 게다가 병원에서 일어날 2차 바이러스 감염도 막아 주었다. 지금은 이런 제도를 왜 진작 도입하지 않았는지 모르겠다는 말이 나올 정도로 반응은 긍정적인 편이다.

　그동안 우리 사회에는 온라인 화상회의, 재택근무, 사이버 강의를 대면 회의, 사무실 근무, 대면 강의보다 질이 떨어지고 성의 없는 것으로 여기는 분위기가 있었다. 하지만 코로나19 유행이 계속되면서 어쩔 수 없이 학생들은 온라인 수업을 듣고 직장인들은 재택근무를 하면서 화상으로 직무회의를 하게 되었다. 교육 현장에서는 교사와 학생들이 교감해야 할 부분이 많아 온라인 수업에 대한 만족도가 좀 떨어지지만, 학교를 오가며 바이러스에 감염되는 것보다 훨씬 낫다는 의견이 많다. 직장인들은 대체로 재택근무에 만족하는 분위기다. 출퇴근하면서 시간과 교통비를 낭비하지 않아도 되니 좋고, 자유로운 근무 형태가 오히려 일에 집중하기 좋은 조건을 만들어 주기 때문이다. 특히 화상회의는 회의 한 번 하려고 먼 곳에서 와야 하는 번거로움이 없고, 사람들을 직접 만나지 않고도 일할 수 있는 환경을 만들어 주었다. 이런 장점을 받아들여 온라인상에서 가족과 친지를 초청하고 백년가약을 맺는 부부들도 있다.

　학회, 졸업식, 입학식, 신제품 발표회 등도 온라인상에서 이루어지면서 '메타버스(metaverse)'라는 가상세계로 가는 문이 열리게 되었다. 메타버스는 '더 높은' 혹은 '초월'을 뜻하는 메타(meta)와, '하나의 우주나 세계'를 뜻하는 유니버스(universe)가 합쳐진 말로 '지금 우리가 사는 이 세계를 초월한 또 하나의 세계'를 의미한다. 좀 더 쉽게 말하면, 우리가 발 딛고 선 현실이 아니라 웹상에서 이루어지는 3차원의 가상세계가 메타버스이다.

코로나19의 유행이 극심해지자 몇몇 학교들은 온라인상에서 졸업식이나 입학식을 했는데, 이때 신입생이나 졸업생은 나를 대신할 아바타를 만들어 웹상에 마련된 가상의 학교로 보냈다. 그 학교에는 여러 선생님과 친구들을 대신할 아바타들이 참석하고 있었다. 한 대학교에서는 가상공간에 학교 운동장을 그대로 재현했고, 신입생 모두가 저마다의 아바타를 이곳으로 보냈다. 이런 행사들은 바이러스 감염이 두려워 외출을 하지 않는 사람들에게 큰 인기를 끌었다. 특히 게임으로 이미 가상세계의 역할 놀이에 익숙한 젊은 세대일수록 가상과 현실을 넘나드는 메타버스를 환영하고 있다. 이들은 메타버스 공간에서 펼쳐지는 아이돌 콘서트에도 열광한다. 그곳에 자신의 아바타를 보내 아이돌과 함께 춤을 추다 보면 현실 콘서트보다 더 큰 즐거움을 맛볼 수도 있다.

메타버스라는 세계로 향하는 문이 열리면서 인공위성을 이용한 초고속 인터넷망의 개발은 더욱 가속도가 붙고, 현실보다 더 현실 같은 메타버스를 만들기 위해 가상현실(VR)이나 증강현실(AR)을 구현하는 기술도 하루가 다르게 발전하고 있다. 은행 거래, 쇼핑이 가

상공간에서 비대면으로 이루어질 때 신뢰성을 확보하기 위한 블록
체인 기술도 도입되고 있다.

　20세기에 인플루엔자바이러스로 수많은 목숨을 잃으며 지구촌
사람들은 함께 전염병을 이겨 내야 할 공동운명체라는 사실을 깨달
았다. 그리고 21세기에 코로나19 팬데믹을 겪으면서 개인 간 혹은
국가 간에도 적당히 거리 두기를 해야 한다는 사실도 깨닫게 되었
다. 바이러스 감염으로부터 살아남기 위한 거리 두기 덕분에 비대
면 사회로 가는 문이 열렸고, 그 문 뒤에는 메타버스라는 새로운 세
계가 기다리고 있다.

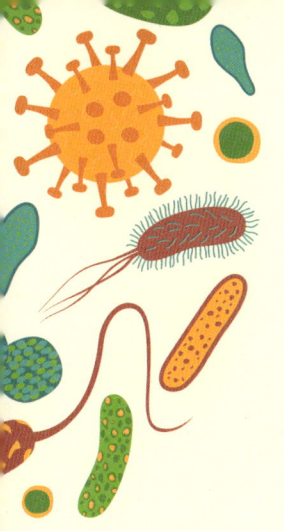

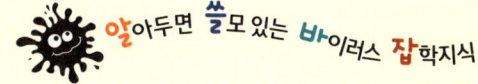

세상을 진화시키는
바이러스

코로나19 팬데믹이 선언됐을 때 일부 국가에서는 전시 상황과 유사한 일이 벌어졌다. 대형 마트와 슈퍼마켓에서 하루아침에 휴지가 동난 것이다. 사람들은 너도나도 휴지를 사려고 아우성이었고, 하나 남은 휴지를 차지하려고 서로 싸우는 모습이 전 세계 뉴스로 등장했다. 국토가 작고 산업이 발달해 공급망이 확실한 우리나라 국민은 좀처럼 이해할 수 없는 상황이었다. 하지만 땅이 넓어 장을 보려면 몇 시간씩 운전해서 가야 하고, 온라인 쇼핑몰에 주문하면 며칠이 걸려야 물건을 받을 수 있는 나라들에서는 생필품 부족에 대한 불안이 클 수밖에 없다. 휴지는 막상 떨어지면 대체할 물품이 없는지라 하나라도 더 챙겨 두고 싶은 마음이 앞섰을 것이다. 게다가 팬데믹 초기에 많은 공장들이 생산을 멈추었기 때문에 휴지 공장도 생산을 멈출지 모른다는 두려움이 컸던 것 같다. 심지어 마스크와 휴지를 같은 공장에서 만들기 때문에 당분간 휴지 생산이 중단된다는 헛소문까지 돌아 사람들은 패닉에 빠졌다.

사실 큰 타격을 입은 곳은 휴지 공장이 아니라, 원자재나 부품을 대부분 해외에서 가져오는 산업체였다. 반도체 조립 공장이 직원의 바이러스 감염으로 문을 닫자 차량용 반도체를 구하지 못한 자동차 제조사들도 생산라인을 멈추어야 했다. 자동차에는 필요한 부품이 아주 많다. 팬데믹이 발생해 수많은 하청업체로 구성된 세계적인 공급망이 타격을 받으면 완성차를 만드는 대기업도 더 이상 공장을 가동할 수 없게 된다. 공장이 가동을 멈추면 많은 사람이 잠정 실업자가 되어 소비는 점점 위축되고 경제는 불경기로 접어든다. 그리고 그때부터는 바이러스 감염에 대한 공포보다 생계에 대한 걱정이 세상을 뒤덮기 시작한다.

코로나19 유행이 가라앉는다 해도 언제 다시 팬데믹이 일어날지 모른다. 지구의 기온이 점점 오르는 가운데 사람들이 어디든 가고 무엇이든 먹으면서 바이러스를 생활 깊은 곳으로 끌어들이고 있기 때문이다. 게다가 생명공학이 발달하면서 바이러스로 여러 가지 실험을 하고 있어 언제 어느 연구소에서 어떤 변종 바이러스가 유출될지도 모르는 상황이다. 앞으로는 '위드 코로나'를 넘어 '위드 바이러스' 시대가 찾아올지도 모른다.

이런 상황에서 세계적인 공급업체들과 그들에게 발주하는 대기업, 소매점의 정보를 한눈에 보여 주는 시스템이 있다면 큰 도움이 될 것이다. 공급망 정보를 실시간으로 확인할 수 있다면 주문이 밀리기 전에 미리 만들어 두고, 한 공장이 문을 닫아도 아직 생산 여력이 있는 다른 공장을 찾을 수 있기 때문에 갑자기 생산라인이 멈추거나 마트의 진열대가 텅 비는 일도 막을 수 있다.

이런 시스템을 만들기 위해 주목받기 시작한 것이 바로 블록체인이다. 블록체인은 거래 데이터를 블록으로 만들어 체인처럼 연결하기 위해 개발된 시스템이다. 데이터는 시스템에 참가한 사람들 모두가 공유하며, 일단 이 시스템 안에 데이터가 기록되면 조작이 거의 불가능하다. 데이터를 한 군데라도 조작하려면 참가자들에게 분산된 데이터를 모두 고쳐야 하기 때문이다. 시스템 참가자 모두에게 거래장부가 공평하게 분산되어 있어 블록체인을 '분산원장기술'이라고도 부른다.

블록체인으로 산업체의 공급망을 관리하면 공급업체의 정보를 공급망 참가자 누구나 볼 수 있다. 게다가 생산에서 유통까지 전 과정에 대한 정보가 조작 불가능한 형태로 차곡차곡 쌓이기 때문에 공급망 관련자들이 필요한 정보를 추적할 때 아주 유용하다. 팬데믹 같은 위기가 와도 공급망 전체의 물품 재고 정보나 부품을 제공할 수 있는 업체의 정보를 빠르고 정확하게 알아낼 수 있다. 실제로 자동차 업계에서는 코로나19 팬데믹을 겪으면서 공급망 관리에 블록체인을 활용하기 위해 적극적으로 움직이기 시작했다.

개인 역시 산업계와 마찬가지로 팬데믹 이후 블록체인을 받아들일 준비를 하고 있다. 우리나라에는 신용카드 문화가 정착되었지만 코로나19 유행 이전까지 유럽의 많은 나라나 일본만 해도 카운터에서 현금을 내는 사람이 대부분이었다. 특히 스페인이나 이탈리아에서는 현금으로 계산하는 사람들이 90퍼센트에 가까웠다. 하지만 코로나19가 번지자 유럽연합(EU)이 나서서 '카드 결제나 온라인 결제를 하라'고 권고했다. 지폐와 동전이 바이러스에 오염되어 있을 가능성이 크기 때문이었다. 그즈음 지폐에 묻은 바이러스가 4일 정도 살아남는다는 연구 결과가 발표되기도 했다.

바이러스가 두려워 현금 사용을 포기한 사람들은 점점 신용카드와 온라인 결제의 편리함에 익숙해져 코로나19 유행이 끝나도 현금을 쓰지 않겠다고 결심하는 분위기이다. 여기서 더 나아가 아예 현금 없는 사회가 찾아올 것이라고 예견하는 사람들도 있다. 이런 예견이 나오기까지 한몫을 한 것은 디지털 화폐(가상화폐)의 등장이다. 실체 없이 컴퓨터나 스마트폰 화면에 숫자로만 나타나는 디지털 화폐는 누구도 데이터를 조작할 수 없는 신뢰성이 보장되는 시스템에서만 사용 가능하다. 실체가 없기에 누군가 숫자를 조작할 수 있다면 경제 시스템 전체가 엉망이 될 것이기 때문이다. 블록체인이 이런 디지털 화폐의 신뢰성을 보장하기에 가장 적합한 시스템으로 떠오르고 있다.

예전에는 블록체인을 기반으로 만든 디지털 화폐라고 하면 비트코인처럼 몇 달 사이에 값이 치솟았다가 폭락하기를 반복하는 자산을 떠올리며 꺼리는 사람들이 많았다. 투기꾼들이나 좋아하는 화폐라는 인식이 강해 일반인은 거의 관심을 갖지 않았다. 심지어 일부 국가에서는 이런 디지털 화폐 거래를 금지했다. 하지만 코로나19 사태를 겪으면서 비대면 결제가 일상화되자 온라인 금융 거래나 디지털 화폐 사용에 대한 거부감도 수그러드는 추세이다. 게다가 이제는 정부가 나서서 통화 수단을 디지털 화폐로 전환하려는 국가도 생겨나고 있다.

모든 디지털 화폐 거래는 블록체인을 기반으로 해야 신뢰성과 투명성이 보장된다. 앞에서도 말했듯이 거래마다 기록이 남고 그 기록을 누구도 건드릴 수 없기 때문이다. 기록을 조작하는 순간 바로 발각되는 시스템에서는 탈세나 횡령도 할 수 없다. 예를 들어 세금을 내지 않기 위해 현금만 받던 일부 상거래자들은 이제 설 땅을 잃게 될 것이다. 바로 이런 이유 때문에 각국 정부들은 디지털 화폐에 관심을 보이고 있다.

디지털 화폐가 현금의 자리를 넘보는 이런 변화에 발맞추어 등장한 것이 현실 세계를 디지털화해 가상공간으로 재창조한 메타버스이다. 만일 가상공간이 학교를 재현한 메타버스의 세계라면 교복을 입은 나의 아바타가 그곳에 등교할 수 있다. 만일 가상공간이 국세청이라면 내 아바타는 그곳에서 온라인 결제 방식으로 세금을 내야 한다. 그리고 만일 디지털 화폐를 권장하는 국가라면 내 아바타는 디지털 화폐로 세금을 낼 것이다.

코로나19 유행 이후 펼쳐질 거리 두기의 세계는 메타버스로 이어질 것이다. 그리고 그곳에서는 아바타끼리 거래를 하고 디지털 화폐를 주고받을 것이다. 물론 이 모든 것은 블록체인 시스템이 든든하게 받쳐 줘야 가능한 일이다. 만일 블록체인 시스템이 없다면 메타버스도 완성될 수 없다. 가상세계를 돌아다니며 물건을 사고팔 아바타들의 고유한 신분과 그들이 지불하는 디지털 화폐의 신뢰성이 보장되지 않는다면 누가 메타버스에 머무르겠는가.

블록체인 사회에서는 바이러스 관리도 좀 더 효율적으로 이루어질 수 있다. 바이러스가 확산되는 상황과 백신 개발 및 공급 상황을 모두 블록체인에 기록하면 관계자들은 이 기록을 언제든 열어 보고 그때그때 대응할 수 있다. 백신이 담긴 약병의 QR 코드만 스캔하면 백신의 생산자, 생산 과정, 생산 날짜, 유통 및 보관 과정을 한눈에 확인할 수 있게 될 것이다. 게다가 백신을 접종받는 사람의 정보까지 함께 블록체인상에 올리면 유통기한이 지나거나 적절치 못한 양으로 백신주사를 맞는 사고를 피할 수 있고, 접종 후 부작용 관리도 효율적으로 할 수 있다. 심지어 백신 사고가 발생했을 때 블록체인에 남긴 기록을 추적해 정확한 원인을 찾을 수도 있다. 또 백신 비축량이 남아도는 국가나 기업을 한눈에 실시간으로 파악할 수 있어 한쪽에서는 백신이 모자라고 한쪽에서는 백신이 남아도는 일도 없을 것이다.

코로나19 사태를 겪으며 우리는 감염병의 위험성을 절실히 느꼈다. 기업은 직원의 감염 때문에 회사 전체를 폐쇄하는 일을 겪으면서 일보다는 사원의 건강이 먼저라는 사실을 깨닫게 되었다. 개인들은 누구라고 할 것도 없이 나 한 사람의 감염이 내가 속한 가족과 학교와 기업, 나아가서는 커뮤니티 전체의 건강을 위협한다는 것도 알게 되었다. 극도의 개인주의로 치닫던 21세기 사회에 바이러스 팬데믹이 덮치면서 우리는 모두 서로 연결된 존재임을 알 수 있었다.

이런 시점에서 등장한 메타버스는 거리 두기를 하면서도 모두가 연결되는 세계가 가능함을 보여 주고 있다. 블록체인이 지지하는 메타버스 세계라면 '위드 바이러스' 시대가 와도 크게 불편할 일은 없을 것이다. 오히려 바이러스가 자극이 되어 세상을 진화시키고 있다고 볼 수 있다. 물론 진화된 세상에서도 방역, 위생, 백신 접종이라는 3박자를 고루 갖추어 바이러스 감염을 피하는 일만큼은 우리에게 주어진 중요한 과제일 것이다.

참고 자료

윤상석, 2021,《10대를 위한 세균과 바이러스 이야기》, 초록서재.

이상수, 2019,《10대와 통하는 생물학 이야기》, 철수와영희.

타케무라 마사하루, 2015,《巨大ウイルスと第4のドメイン 生命進化論のパラダイ
ムシフト(거대 바이러스와 제4의 도메인 생명진화론의 패러다임 시프트)》, 고단샤.

미야자와 타카유키, 2021,《京大 おどろきのウイルス学講義(교토대의 놀라운 바이러스학
강의)》, PHP연구소.

네로메 구니아키(노은주 옮김), 2005,《기회를 기다리는 괴물 바이러스》, UPA주니어.

아일사 와일드 외(강승희 옮김), 2019,《미생물 전쟁》, 반니.

이재열, 2005,《바이러스 삶과 죽음 사이》, 지호.

네이선 울프(강주헌 옮김), 2015,《바이러스 폭풍의 시대》, 김영사.

메릴린 루싱크(강영옥 옮김), 2019,《바이러스》, 더숲.

미야자와 타카유키(이정현 옮김), 2022,《바이러스란 도대체 무엇인가》, 에포케.

일본 뉴턴프레스, 2015,《바이러스와 감염증》, 아이뉴턴(뉴턴코리아).

다케무라 마사하루(위정훈 옮김), 2020,《바이러스의 비밀》, 파피에.

최강석, 2009,《바이러스의 습격》, 살림.

주철현, 2021,《바이러스의 시간》, 뿌리와이파리.

폴 너스(이한음 옮김), 2021,《생명이란 무엇인가》, 까치.

매리언 켄들(이성호 외 옮김), 2004,《세포전쟁》, 궁리.

대한바이러스학회, 2020,《우리가 몰랐던 바이러스 이야기》, 범문에듀케이션.

이재갑·강양구, 2020,《우리는 바이러스와 살아간다》, 생각의힘.

19쪽 위키피디아, wikipedia.org/wiki/Tobacco_mosaic_virus#/media/
File:TobaccoMosaicVirus.jpg

39쪽(상) 셔터스톡, shutterstock.com/ko/image-vector/structure-hiv-
aids-caused-by-human-1710431635

39쪽(하) 셔터스톡, shutterstock.com/ko/image-vector/illustration-struc-
ture-typical-bacteriophage-virus-labelling-1959079276

43쪽 셔터스톡, shutterstock.com/ko/image-vector/phage-therapy-pt-
called-bacteriophage-uses-2119785521

45쪽 셔터스톡, shutterstock.com/ko/image-vector/viruses-life-cycle-
example-bacteriophage-bacteria-615054545

59쪽 셔터스톡, shutterstock.com/ko/image-vector/diagram-transmis-
sion-electron-microscope-quantum-physics-1690518037

66쪽 브리태니커 사이트, cdn.britannica.com/82/126182-050-9BA3E5B1/
retrovirus-infection-DNA-reverse-transcriptase-RNA-host.jpg

111쪽 위키피디아, wikipedia.org/wiki/Plague_doctor#/media/File:Paul_
F%C3%BCrst,_Der_Doctor_Schnabel_von_Rom_(coloured_version).png

124쪽 위키피디아, wikipedia.org/wiki/Spanish_conquest_of_the_Aztec_
Empire#/media/File:FlorentineCodex_BK12_F54_smallpox.jpg

140쪽 셔터스톡, shutterstock.com/ko/image-photo/medical-men-
wore-masks-avoid-flu-248206198

148쪽 셔터스톡, shutterstock.com/ko/image-vector/coronavirus-virus-
structure-proteins-membrane-rna-1674422494

찾아보기

10대에게 들려주는 바이러스 이야기
왜 바이러스가 문제일까?

초판 1쇄 인쇄 · 2026. 2. 25.
초판 1쇄 발행 · 2026. 3. 10.

—

지은이   유윤한
발행인   이상용, 이성훈
발행처   청아출판사
출판등록 1979. 11. 13. 제9-84호
주소   경기도 파주시 회동길 363-15
대표전화 031-955-6031 팩스 031-955-6036
전자우편 chungabook@naver.com

—

ⓒ 유윤한, 2026
ISBN 978-89-368-1268-3 43400

—

값은 뒤표지에 있습니다.
* 잘못된 책은 구입한 서점에서 바꾸어 드립니다.
* 본 도서에 대한 문의사항은 이메일을 통해 주십시오.

이 책은 《왜 바이러스가 문제일까?》의 내용을 보완하여 재출간한 것입니다